福尔摩斯探案与思维故事

[英] 柯南·道尔 / 原著

何敏 陈自萍 李享 / 编著

1 纸牌的秘密

U0274183

ART TIME
时代出版
时代出版传媒股份有限公司
安徽少年儿童出版社

图书在版编目（CIP）数据

福尔摩斯探案与思维故事.1，纸牌的秘密 /（英）柯南·道尔原著；何敏，陈自萍，李享编著.—合肥：安徽少年儿童出版社，2022.4（2024.1重印）

ISBN 978-7-5707-1250-2

Ⅰ.①福… Ⅱ.①柯… ②何… ③陈… ④李… Ⅲ.①数学 – 少儿读物 Ⅳ.①O1-49

中国版本图书馆CIP数据核字（2021）第229733号

FU'ERMOSI TAN'AN YU SIWEI GUSHI 1 ZHIPAI DE MIMI

福尔摩斯探案与思维故事·1 纸牌的秘密

［英］柯南·道尔/原著

何敏 陈自萍 李享/编著

出 版 人：李玲玲	策划统筹：黄 馨 郝雅琴	责任编辑：黄 馨
责任校对：江 伟	责任印制：郭 玲	封面绘图：陈小锋
内文插图：韩 露		

出版发行：安徽少年儿童出版社　　E-mail：ahse1984@163.com

新浪官方微博：http://weibo.com/ahsecbs

（安徽省合肥市翡翠路1118号出版传媒广场　　邮政编码：230071）

出版部电话：（0551）63533536（办公室）　63533533（传真）

（如发现印装质量问题，影响阅读，请与本社出版部联系调换）

印　　制：阳谷毕升印务有限公司

开　　本：635 mm × 900 mm　1/16　印张：12.5　　　　字数：85千字

版　　次：2022年4月第1版　　　2024年1月第3次印刷

ISBN 978-7-5707-1250-2　　　　　　　　　　定价：49.80元

目　录

福尔摩斯
冒险史

波西米亚王室传闻

1

1888 年的一个晚上，在英国伦敦，华生医生出诊回来，经过了一条熟悉的街道——**贝克街**。很多同学都知道，华生医生和神探福尔摩斯曾经一起合租，他们租住的公寓就在贝克街上。只不过，后来华生医生结婚了，就搬了出来。从那以后，他见到福尔摩斯的次数就少了，只是偶尔从报纸上看到福尔摩斯又破获了好几起重要的案件，甚至还帮助荷兰王室完美地解决了大问题。

这会儿，华生医生走到贝克街 221B 号，那正是他们住过的公寓。看到公寓那扇熟悉的大门时，他想起了好多年前他和福尔摩斯初次见面的情景，以及以往和福尔摩斯共同探案的一幕幕。他的耳朵里甚至响起了福尔摩斯拉过的**小提琴曲**。华生突然很

想上楼去看望一下这位老朋友。

好久没见福尔摩斯了，也不知他最近在忙些什么。华生想着，抬头看了看，只见二楼福尔摩斯的房间亮着灯，窗帘上映出福尔摩斯瘦高的身影。他低垂着头，背着双手不停地来回走动。华生对福尔摩斯这样的举动太熟悉了。

看来大侦探又碰上**棘手**的案件了，正好，我也好久没听他那精彩的案情分析了。华生一边想着，一边按响了门铃。

房东太太给华生开了门，华生走到二楼，发现门是开着的。

"哦，是你，医生。"见到华生，福尔摩斯并不像以前那么热情，大概是他脑子里还萦绕着某个棘手的案件吧。他招呼华生坐下，又扔给华生一盒雪茄："医生，你结婚后过得很好嘛。从我们上次见面到现在，我想你应该重了7斤多。"福尔摩斯站在壁炉前，仔细地打量着华生。

"差不多吧。"华生心里暗暗佩服：这家伙居然连我长了几斤肉都能看出来。

福尔摩斯笑着问道："看你的样子，又开始行医啦？"

"你怎么知道？"

"当然是见到你以后**推理**出来的，哈哈！另外，医生，如果我没猜错的话，最近下雨时你出去了。还有，你家里的女仆实在不怎么样。"

华生吃惊得连雪茄都差点夹不住了，他连连称赞："我亲爱的大侦探，这么久没见，你真是越来越厉害了。的确，星期四我步行去了一趟乡下，回来时碰上下雨了。至于我的那个女仆玛丽，实在是太糟糕了，已经被我妻子打发走了。但是，我实在想不明白，这些你都是怎么看出来的？"

福尔摩斯搓着他那双细长的手，**狡黠**地笑了："嘿

嘿，这些本来就不难，你看看你左脚那只鞋的内侧下方，是不是有几道平行的划痕？很明显，这并不是走路时无意间蹭到的，而是什么人弄上去的。还有谁会这么干？十有八九是因为你家有位**粗心大意**的女仆。我猜，这些划痕是她用刮泥板刮鞋底的烂泥时留下的吧？再来说说下雨的事儿。好好的鞋子为什么会沾上泥巴呢？不用说，那肯定是下雨天出去了嘛。哈哈！"

福尔摩斯解释得毫不费力，华生也笑了："原来如此啊，嘿嘿！那你又是怎么知道我开始行医了呢？"

福尔摩斯点燃了一支烟，全身舒展地靠着椅背，回答道："这也很简单嘛，你身上有明显的**碘酒**气味，这可是医生身上常有的味道。你右手食指上有些黑色斑点，准是你给病人上药时留下的。还有啊，你的大礼帽右侧面鼓起了一块，哈哈，我想你一定

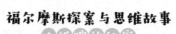
在那里塞过听诊器。医生，难道这些还不足以让我推理出来吗？"

同学们，那个年代可没有耳机啊！谁会天天往耳朵里塞东西呢？八成就是医生塞听诊器啦。

"有道理！"华生频频点头，"福尔摩斯，在你解释推理过程之前，我总是满腹疑问，摸不着头脑，可每次听你解释完，我才发现**真相原来可以那么简单**。但是，我……我觉得自己的眼力也不比你差啊，为什么我就看不出来呢？"华生摸了摸脑袋，嘟囔道。

"哈哈哈，医生，那是因为你只是在看，而我不但看了，还观察了。"福尔摩斯笑着站起来，从桌上拿起一张纸条，扔给了华生，"对了，医生，看看这个，也许你会感兴趣的。"

华生接过纸条，有些纳闷。这张纸条上既没有署名，也没有日期，怪神秘的。福尔摩斯接着问道："医生，你能从这纸条上看出什么吗？"

今晚 7 时 45 分有位先生要来拜访您，他有非常重要的事情想跟您商量。您最近为欧洲的某个王室解决了问题，表明您是可以被委以重任的。您的盛名，天下无人不知，我也仰慕已久。希望到时您不要外出。如果来访者戴着面具，也请您不要见怪。

　　华生把纸条翻来覆去地仔细看了看："嗯，这纸特别结实硬挺，应该很贵吧？看来，写这张纸条的人很有钱……"华生努力学着福尔摩斯的样子推理。

　　"嗯，是特别结实。"福尔摩斯点点头，"这种纸不是英国出产的。你现在把它举起来，对着灯光看看。"

华生对着灯光，举起了纸条，发现纸张的纹理中印着一些字母：一个大写的"E"带着一个小写的"g"，一旁是一个大写的"P"，还有一个大写的"G"带着小写的"t"。

福尔摩斯问道："你知道这些字母代表什么意思吗？"华生摇了摇头。

"大写的'G'带着小写的't'，这是德语里'公司'这个词的缩写。你看出这里面透露的信息了吗？"

华生若有所思地回答道："这么看来，这张纸的产地，是一个说德语的国家了？"

"没错！"福尔摩斯称赞道，继续往下说，"这个大写的'P'呢，在德语里代表'纸'的意思，而大写的'E'和小写的'g'，这就得查查了。我想，应该是个地名。"说着，福尔摩斯从书架上拿出了一本厚厚的《大陆地名词典》。

"有了，医生，你看，"福尔摩斯高兴地把词典拿给华生看，"讲德语的，以'Eg'开头的，就是它了，Egria，是波西米亚王国的一个地方。波西米亚以玻璃工厂和造纸厂闻名。"

同学们可能要问了："波西米亚是个国家吗？在现在的地图上可找不到这么个国家啊！"原来，在100多年前，波西米亚确实是个国家，不过，现在它已经变成**捷克**这个国家的一部分啦。

我们再回到故事里来。福尔摩斯的两眼闪闪发光，他得意地喷出一大口烟，问道："医生，现在你又明白了什么？"

"这种纸是在波西米亚制造的。"华生马上回答道。

"完全正确。还有，医生，写这张纸条的是个讲德语的人。"见华生一脸狐疑，福尔摩斯解释道，"这张纸条虽然是用英语写的，但有些动词的用法很奇怪，只有讲德语的人才会那么用呢，哈哈！"

　　福尔摩斯又惬意地喷出一口烟："好啦，现在我们就等着看看这位用波西米亚生产的纸写字而又戴着面具想掩盖**庐山真面目**的讲德语的有钱人，到底想干什么。我想，他也应该快来了。"福尔摩斯刚说完，楼下就响起了清脆的马蹄声，接着有人按响了门铃。

　　神秘人，来了。

2

　　福尔摩斯向窗外望去，吹着口哨说："哇，这马车看着相当豪华啊，咱们来了个有钱的主顾。"华生拿起礼帽，对福尔摩斯说："你的客人来了，我想，我该走了。"福尔摩斯连忙拦住华生："哪儿的话！医生，你哪也别去，就待在这儿。你在这

儿，我才心安嘛。再说了，这个案子看起来很有趣，错过岂不可惜了！"

"嘟——嘟——嘟——"一阵缓慢而沉重的脚步声从楼下一直传到门口。接着，一个大高个子迈着有力的步伐走了进来。他胸膛宽阔，衣着华丽，肩上披着深蓝色外套，露出猩红色的丝绸衬里，还别着一只镶嵌着绿宝石的胸针。再看看他的脚上，穿着一双足足高到小腿肚的皮靴，靴口镶着深棕色的皮毛。整个人真是既粗野又奢华啊！只是，这富丽堂皇的装束，在英国似乎显得有些庸俗了。他头上戴着一顶大檐帽，最引人注目的是：他的脸上戴着黑色的面具，脸的上半部分只露出了眼睛，而下半部分露出来的嘴唇厚而下垂，下巴又长又直，看起来是个果断、坚强的人。

"您收到我写的纸条了吗？"神秘人开口了，他的声音低沉、沙哑，带着浓浓的德国口音，"我说过，

我要来拜访**大侦探福尔摩斯**。"神秘人看了看福尔摩斯，又看了看华生，拿不准到底哪个才是他想要找的大侦探。

"我收到了，请坐。"福尔摩斯说，"这是我的助手华生，他经常协助我办案子。请问，我该怎么称呼您？"

"您可以称呼我克拉姆伯爵。我是波西米亚的贵族。"神秘人看了看华生，说，"我想，您的助手先生是位谨慎并值得尊敬的人，但我还是想和您单独谈谈。"

华生听了，感到有些尴尬，站起身准备走。福尔摩斯一把抓住华生的手腕，把华生推了回去。他坚定地对神秘人说："要么我们两个一起和您谈，

要么就别谈了。在我的助手面前，您什么都可以说。"

神秘人见福尔摩斯如此信任华生，也就不再坚持。他耸了耸肩膀说道："好吧，侦探，但我得先和你们约定，两年内，要对我委托之事绝对保密，两年后就无所谓了。眼下，我可以说，这件事重要得足以影响整个欧洲。"

"您放心，我保证遵守约定。"福尔摩斯回答道。

"我也是！"华生也立刻表态。

"你们不介意我戴着面具吧？"神秘人继续说，"其实，我并不是波西米亚的贵族，也不是什么伯爵，刚才之所以那样说，是因为派我来办事的人不愿意让你们知道我的真实身份。"

"这我知道。"福尔摩斯冷冷地回答。

"现在情况十分微妙，请你们务必采取一些措施，尽力防止事情演变成一个大丑闻。"神秘人突然有些迟疑了，"呃，坦率地说，这事会使波西米亚国王本人受到牵连。"

"这我也知道。"福尔摩斯喃喃地说着，坐到椅子上，闭上了眼睛。

见福尔摩斯这副懒洋洋的样子，神秘人不禁有些吃惊：大侦探不是应该精力充沛、**生龙活虎**的吗？不一会儿，福尔摩斯睁开了眼睛，有些不耐烦地瞧着这个身材魁梧的神秘人说："要是国王您，能放下身段把案情说清楚，我就能更好地为您效劳。"

听到这话，神秘人腾的一下站了起来，激动地在屋子里踱来踱去，好像不知如何是好。突然，他猛地一把扯掉脸上的面具，把面具狠狠地摔到了地上。

"你、你说对了，我就是国王！我没必要再继续隐瞒了！"神秘人指着福尔摩斯，大声喊道。

福尔摩斯喃喃地说："嗯，您还没开口，我就已经知道，我要同波西米亚的世袭国王，也就是威廉国王交谈了。"

虽然真实身份被揭穿了，但国王倒像是松了一口气。他冷静下来，重新坐回了椅子上，用手摸了摸前额，对福尔摩斯说："我想，你是能理解的。虽然我实在不愿意亲自处理这种事，但这事是如此微妙，我不得不微服出行，亲自来征询你的意见。"

"那就请谈谈吧。"福尔摩斯说着，又闭上了眼睛。

"事情是这样的：大约五年前，我出国访问华沙市期间，认识了大名鼎鼎的女歌手——艾琳。侦探，我想这个名字你也一定很熟悉吧！"

听到国王这么说，福尔摩斯立刻吩咐华生在他的资料中查查艾琳这个人。多年来，福尔摩斯养成了一个好习惯：随时把重要的人和事的相关资料贴上标签，做好标记。这样，办案时需要的话，就可以快速查到了。果然，华生很快就找到了艾琳的资料。

"让我看看。"福尔摩斯迫不及待地浏览起来，嘴里还不停地喃喃自语，"艾琳，1858年生于美国的新泽西州，华沙歌剧院首席女歌手，住在伦敦。"

看完后，福尔摩斯抬起头对国王说："国王，我的理解是，您和这位叫艾琳的年轻女人有牵连，并且有把柄在她手上，是吗？"

国王点了点头，回答道："唉，是的，问题出在一张照片上。她那儿有我和她的一张**合影**。"福尔摩斯问："艾琳利用这张合影威胁您了吗？"国王懊丧地回答说："是的，她威胁过我，只要我和其他女人结婚，她就会把这张照片送给对方。这个女人既有着最美丽的女人的面容，也有着最刚毅的男人的心，她什么事都做得出来！她会把我毁掉的！"

福尔摩斯饶有兴趣地继续问道："这么说，您快要结婚了？"国王焦急地说："是啊！我就要和另一个国家的二公主结婚了。公主极其敏感，如果她收到这张照片，这婚就结不成了。这对我们两个

国家来说，都会产生很大的影响。唉！"说完，国王长长地叹一口气，把脸埋进了掌心。

"噢，天哪！"福尔摩斯惊叫了一声。

国王懊恼地说："我和艾琳相爱过，可她不是王室成员，我们门不当户不对，没法结婚，所以后来我们分开了。当时我还很年轻。唉，我真是要疯了！"国王抓了抓自己的头发。

"所以说，我们现在的任务就是把照片弄回来？"福尔摩斯问道。国王愤愤地说："是啊。可她不肯卖照片，我也偷不到。实话告诉你吧，我试过好几次了。我派人悄悄去她的房间搜过，也在她旅行时偷过她的行李，还让人假装劫匪在路上把她拦下来搜身，但都没找到。真不知她把照片藏哪儿了！"

福尔摩斯接着问："您敢肯定艾琳还没把照片送出去吗？""我敢肯定，因为她说过，要在我公开宣布婚约的那天把照片送出去，也就是下周一。"

也就是说，如果**下周一**之前，福尔摩斯没有帮国王把照片拿回来，那么欧洲的两个王室可能会因为这事儿闹翻。照片虽小，影响的可是两个国家啊！

3

"太好了，那咱们还有三天时间。"福尔摩斯说着，打了个哈欠，"国王，在帮您要回照片以前，我得先调查清楚一些事。放心吧，我会给您带来好消息的。"

国王给了福尔摩斯一大笔费用，还说，只要能拿回照片，他甚至可以送一个省给福尔摩斯。福尔摩斯向国王要来了那个女人——艾琳的地址，并问了最后一个问题："国王，照片是6英寸的吗？"

"是的。"

送走了国王，福尔摩斯和华生约定，第二天下

午3点再在这里碰头，商讨案情。

第二天下午3点，华生准时到了公寓。房东太太告诉华生，福尔摩斯早上8点多就出去了，还没回来。华生对于波西米亚国王委托的这个案子十分好奇，也对福尔摩斯敏锐而透彻的推理方法很感兴趣，于是他决定，无论多晚，都要等到福尔摩斯回来。

4点钟左右，公寓的门开了，闪进来一个马车夫，留着络腮胡子，衣服破烂不堪，看上去十分邋遢。华生仔细看了半天——嘿，这不是福尔摩斯吗！这家伙又乔装打扮干啥去了？福尔摩斯朝华生点了点头，进了卧室。只一会儿的工夫，他就换上了整齐的衣服，风度翩翩地回到了华生面前。"哈哈哈哈，医生，你绝对不会相信的，哈哈哈哈！"福尔摩斯笑个不停，一直笑到全身无力，瘫倒在椅子上，"哈哈哈，医生，我敢说你怎么也猜不出我上午都忙了些什么！简直太有趣了，哈哈哈！"

华生一脸疑惑："福尔摩斯，什么事情这么好笑啊？你早上应该是去艾琳小姐那儿了吧？"

"你说得没错，但最后发生的事却太让我意外了，哈哈哈！"

福尔摩斯点燃一支雪茄，向华生说起他今天的经历。早上8点多，福尔摩斯将自己打扮成马车夫，离开了贝克街的公寓。同学们，福尔摩斯为什么要扮成马车夫呢？因为马车夫们对同伴总是特别友善，更重要的是，他们的消息非常灵通。如果能成为他们中的一员，就能很快打听到想知道的一切。

早上，福尔摩斯来到了艾琳的住处，仔细观察这栋精致的别墅以及别墅周围的环境。正好，别墅后面的小巷里有排马房，不少马车夫正在那儿梳洗马匹。福尔摩斯意识到这是一个打探消息的好机会，于是赶紧上前跟他们聊天，打听艾琳的消息。

马车夫们说，艾琳小姐可以说是这世上最美丽的女人了，附近几乎所有男人都拜倒在她的石榴裙下。她过着宁静而有规律的生活，除去音乐会上演唱外，很少出门参加什么活动。她每天傍晚5点会去公园，晚上7点回家吃饭。尽管仰慕者众多，但艾琳小姐只和一个男人来往比较密切，这个男人就是律师诺顿先生。诺顿先生皮肤黝黑，样貌英俊，每天至少来看艾琳小姐一回，离开时坐的就是这些马车夫的车。

福尔摩斯**津津有味**地听完了马车夫们的谈论，又回到艾琳的别墅附近漫步徘徊，思考行动方案。

他心里暗暗想着：诺顿是位律师，这听起来不太妙。他每天都来看艾琳，他们之间是什么关系呢？他是艾琳聘请的律师，还是她的恋人呢？如果是艾琳的律师，那么艾琳是不是已经把照片交给他保管了？如果是恋人，照片就应该还在艾琳那儿。我到底是应该继续对艾琳的别墅进行调查呢，还是把注意力转移到诺顿的住处？福尔摩斯紧锁着眉头，心里很是纠结。

突然，他看到一辆双轮马车停在艾琳别墅的门前。从车里跳出一位英俊的绅士，皮肤黝黑，留着小胡子，显然，他就是那位律师——诺顿先生。只见他一副**十万火急**的模样，大声吆喝着让马车夫等他，然后快速走进了客厅。

福尔摩斯透过客厅的窗户，隐隐约约看到诺顿

先生在屋里踱来踱去，挥舞着双臂兴奋地说着什么。可是，却不见另一位主角——艾琳小姐的身影。

大约半小时后，诺顿先生匆匆从客厅走了出来，似乎比先前更着急了。他边上马车边掏出金表，急切地对马车夫喊道："快，到**圣莫尼卡教堂**，要是能在 20 分钟内赶到，我就多赏你点钱！"

很快，马车就"嘚嘚嘚"地飞快离开了。福尔摩斯还在犹豫是否应该立即跟上，忽然，小巷里又来了一辆小巧雅致的四轮马车，也停在了艾琳的别墅门前。车还没停稳，一个女人就从别墅里飞奔出来，眨眼间就钻进了车厢。福尔摩斯看到了她的脸，

确实是位绝世美人。这想必就是那位让国王烦恼的艾琳小姐。

"快，去圣莫尼卡教堂！"艾琳喊道，"要是你能在20分钟内赶到的话，我就赏你半镑金币！"

咦？和诺顿先生去的是同一个教堂？福尔摩斯看了看手表，现在是11点35分，20分钟以后就是将近12点钟了。福尔摩斯仿佛明白了什么。他正想追上去，恰好有一辆马车经过这里，福尔摩斯身手敏捷地一下跳进车厢，也让车夫赶往那个教堂："要是你能在20分钟内赶到的话，我就赏你半镑金币！"

到了教堂外，福尔摩斯看到诺顿和艾琳乘坐的马车已经停在了门口，两匹马正气喘吁吁地呼着热气呢。他急忙跑进教堂，看到圣坛那儿除诺顿和艾琳外，还有一位穿着白色法衣的牧师。为了不让他们起疑心，福尔摩斯又装扮成是偶尔来教堂的流浪汉，漫不经心地沿着过道往圣坛走去。

忽然，那三个人同时转过头来看着福尔摩斯。诺顿先生大喊："谢天谢地，来，老兄，帮个忙，只要几分钟就行了，要不然就不合法了！"他一边说着，一边朝福尔摩斯跑来。

4

福尔摩斯还没弄清楚状况，已经被诺顿拉到了圣坛前。原来诺顿和艾琳是赶来教堂结婚的，但如果没有其他证婚人，牧师就不同意为他们证婚。按当时的习惯，婚礼一般在中午12点举行，而这会儿，只差几分钟就到12点了。显然，诺顿和艾琳已经来不及去请其他人了。所以，他们一见到福尔摩斯，就像见到了救星，不由分说地让他当了一回莫名其妙的证婚人。

"哈哈，医生，这真是我这辈子碰到的最荒谬的场面了。"说到这儿，福尔摩斯又大笑起来。

"这事真是太让人出乎意料了。"华生问道，"那后来呢？"

"后来，他们就在教堂门口分开，各自回家了。临走前，艾琳小姐，哦不，现在是女士了，艾琳女士告诉诺顿先生，5点钟时她会和平时一样，到公园去。"福尔摩斯的神情突然严肃了起来，"咳，我的计划受到了严重的影响——他们已经结婚了，可能很快就会离开这里，我必须采取快速有效的措施，在他们离开前拿到那张照片。"

"那你打算怎么办？"华生急切地问道。

"艾琳5点到公园，7点就会从公园回来。我必须在7点前赶到她家找出照片，不然以后就更难了。现在已经快5点了，留给我们的时间不多了。"

华生不解地问他："我们？""对，医生，我需要你的帮忙，跟我一起去吧。"

华生毫不犹豫地答应了。福尔摩斯又提醒他："医生，到了那儿，可能会有些小小的麻烦，但不管发生什么事，你都按我说的做，也不要插手我这边发生的任何事情，好吗？"

华生十分疑惑："那么，你到底需要我做些什么呢？"福尔摩斯详细地跟他解释道："到了那儿以后，你在艾琳家客厅的窗户边等着，我应该会被人抬进客厅。几分钟后，那儿的窗户将会打开，你就能看见我。如果我一举手，就像这样——"福尔摩斯示范起了举手的动作，"你就把我给你的东西扔进客厅，同时大声喊'着火啦，着火啦'，这样就可以了。"

说着，福尔摩斯从口袋里掏出一支像雪茄的东西："看，这是一只**烟雾筒**，两头都有盖子，把盖子打开，它就会自己冒烟，你可得保管好。当你高喊着火的时候，一定会有许多人赶来救火，这时你就趁乱走到街道的拐角处，我会在 10 分钟内赶来和你会合。明白了吗？"

华生惊叫道："不会真的着火吧？"福尔摩斯拍拍他的肩膀说："放心吧，它只会冒烟，不会闹出火灾来，绝对安全。放火可是人命关天的事儿，我无论如何都不会这么做。"

福尔摩斯说完，走进了卧室，几分钟后再出来时，已经变成了一位和蔼可亲的老牧师。那宽大的黑帽和宽松下垂的裤子，还有那仁慈并富有同情心的微笑，都让华生感觉，要不是福尔摩斯走上了侦探的道路，他一定会是一个非常出色的演员！

福尔摩斯和华生赶到艾琳的别墅时，离 7 点还差 10 分钟。华生发现，别墅门前的街道相对于这个地区的其他地方来说，显得特别热闹。街头拐角处有一群流浪汉正在抽烟说笑，还有一个磨剪刀的手艺人、两名警卫以及几个吊儿郎当的年轻人。

到了 7 点，一辆漂亮的四轮小马车准时来到别墅门前。马车刚一停下，一个流浪汉就从一旁冲上前，试图帮忙开车门赚点小费，但很快就被另一个冲上来的流浪汉挤开了，于是两人爆发了激烈的争吵。警卫闻声赶来了，磨剪刀的手艺人也来了，不知是谁先动了手，场面陷入一片混乱。艾琳刚下车，就被卷入这场混乱中，无法脱身。

福尔摩斯见状，猛地冲进人群中去保护艾琳。可他刚挤到艾琳身边，就"啊"地叫了一声，接着满脸是血地倒在地上。闹事的人见有人受伤，害怕惹祸上身，拔腿就跑。艾琳也急忙跑上台阶。看热闹的人里面，有几个穿着整洁的，围在福尔摩斯身边，想看看他怎么了。艾琳在进屋前站住了，回头问那些人："那位可怜的先生伤得厉害吗？"

"他已经死了！"几个人喊道。"不，不，还活着呢。"另一个声音说。一个女人说："夫人，他是个勇敢的人，要不是他，您的东西怕是早就被那些流浪汉抢走了。"又有人说："不能让他躺在街上，夫人，我们可以把他抬进屋里吗？"艾琳回答道："当然可以，把他抬到客厅吧，那儿有张舒服的沙发。"

于是，大家把福尔摩斯抬进了客厅，让他靠在沙发上。福尔摩斯半躺在沙发上，显得呼吸很困难。女仆见状，赶紧打开了窗户，好让福尔摩斯透透气。就在这时，等候在窗边的华生看到福尔摩斯举起了手，这是他们事先约定好的信号！华生赶忙把烟雾筒从窗口扔了进去，并高声喊道："着火啦，着火啦！"话音刚落，客厅里的其他人也都齐声尖叫起来："着火啦，着火啦！"

客厅里浓烟滚滚，大家争先恐后地向外逃去。不一会儿，福尔摩斯的声音从烟雾中传来："大家别慌，别慌，没有着火，虚惊一场。"

华生穿过惊呼的人群，快速跑到了街道的拐角处。不到 10 分钟，福尔摩斯也出现了。他拉上华生的胳膊，赶忙离开了喧嚣骚动的现场。

"医生，你干得真漂亮，一切顺利！"福尔摩斯开口了。华生急切地问道："你拿到那张照片了吗？"福尔摩斯得意地说："我知道照片在哪儿了，

是艾琳主动亮给我看的。"见华生一脸惊愕，福尔摩斯笑着继续说，"哈哈，医生，这事很简单。你应该看得出来，刚才街上的每个人都是我雇来演戏的。"华生点点头："是的，这我猜到了。"

"流浪汉争吵的时候，我冲了过去，把红颜料涂在脸上，装作受伤的样子。这个老花招你也猜到了吧？"福尔摩斯挑了挑眉毛。华生不禁也笑了："呵呵，这个我也揣摩出来了。"

"那种情况下，艾琳肯定不好拒绝把我抬进屋里，这么一来，我就离照片不远了。"

华生不解地问道："你知道照片一定在屋里？"

"医生，对于*最重要的东西*，人们要不就是随身携带，要不就是放在自认为最安全的地方，对吧？那张照片有 6 英寸，太大了，艾琳不可能随身携带。再说，国王还找人拦劫搜查过她，她就更不可能带在身上了。另外，医生你别忘了，艾琳前几天还想

利用这张照片威胁国王呢，所以她一定会把照片藏在随手就能拿到的地方。由此我判断，照片一定藏在她家里。最后，通过这场假火灾，我确认了藏照片的地方就是客厅。"

福尔摩斯是怎么确认照片就藏在客厅的呢？

福尔摩斯得意地说："你想想看，当人们发现房子着火后，是不是会第一时间抢救他认为最重要的东西？这是人的本能。对于艾琳来说，那张照片就是最重要的东西，因为可以用它来威胁国王。"原来，艾琳一听到华生大喊着火后，就急匆匆地来到冒烟的客厅，准备拿走照片。这时，还在客厅的福尔摩斯当然就清楚地看到了藏照片的地方——门铃拉绳上方一块活动板的后面！

　　艾琳刚把照片抽出一半，就听到福尔摩斯说是虚惊一场，于是又把照片放了回去。接着，她看了一眼烟雾筒，就跑了出去。福尔摩斯本来想立刻把照片偷走，但一个马车夫走了进来，盯着他。福尔摩斯担心一不小心会坏了大事，那可真是**一着不慎，满盘皆输**。于是，他找了个借口溜走了，决定等待时机再动手。

　　华生恍然大悟："哦！怪不得听到你喊'虚惊一场'呢，原来是你已经发现照片了。如果不及时这么喊的话，艾琳就会把照片拿走，那么你又要费尽心思重新寻找了。"

　　"哈哈，是的，医生，你真是越来越聪明了。"福尔摩斯调侃道。"那你准备什么时候去取照片呢？"华生问道。"明天早上8点吧，那时艾琳还没起床。走吧，我们给国王发封电报，邀请他一块儿去。"

　　发完电报，他们回到了贝克街，当福尔摩斯掏出钥匙准备开门时，有个路过的行人向他打了声招呼："福尔摩斯先生，晚安！"之后，就匆匆离开了。

"这声音有点儿熟悉，"福尔摩斯看了看那个背影，是个穿着长外套的瘦高个，"可我想不起来是谁了。"

第二天早晨，福尔摩斯和华生正在吃早餐，波西米亚国王冲了进来。"你真的把照片拿回来了？！"国王抓住福尔摩斯的双肩，急切地大声嚷道。

"还没有。"福尔摩斯冷静地说。

"有拿回的把握吗？"

"有把握。"

"那赶紧走吧，我等不及了，马车在外面等着呢！"国王火急火燎地推着福尔摩斯上了马车。路上，福尔摩斯开口了："艾琳结婚了。"

国王难以置信地问道："结婚了？！什么时候？和谁？""昨天，和一个叫诺顿的律师。"福尔摩

斯安慰国王说，"这样也好，国王，她既然已经结婚了，就不会干涉您的生活，您也就可以放心了。"

"那倒也是。不过……唉！如果她的身份和我一样就好了！她会成为一位了不起的王后！"国王遗憾地说完这些，陷入了沉思。

众人到了艾琳的别墅，只见大门敞开着，一位女仆站在台阶上，似乎在等什么人。看到福尔摩斯他们，女仆露出了不屑的表情，问道："请问谁是福尔摩斯先生？"

"我就是。"福尔摩斯显然很吃惊。

"你果然来了。我的主人说你今天一早会来拜访，让我在这儿等着。她已经乘5点15分的火车走了，再也不会回来了。"女仆得意扬扬地说。

"什么！"突如其来的坏消息让福尔摩斯措手不及，他向后打了个趔趄，差点摔倒。国王绝望地问道："那照片呢？她带走了吗？这下全完了！"

福尔摩斯推开女仆，冲进了客厅，直奔藏照片的地方。他掀开那块活动板，伸手从里面掏出了一张照片，还有一封信。照片并不是那张合影，而是艾琳的单人照。而那封信呢，信封上写着"福尔摩斯先生亲启"。福尔摩斯一把将信拆开：

亲爱的福尔摩斯先生：

您确实干得非常漂亮。在看到烟雾筒以前，您演的所有把戏都把我给骗了。其实，几个月前就有人警告我要提防您了。他们说，如果国王要雇一位侦探来对付我的话，那就一定是您。他们还给了我您的地址。尽管这样，我还是大意了，因为我很难相信那么一位上了年纪、和蔼可亲的牧师会别有用心。我不得不说，您扮演牧师，真是演得好极了。后来，我发觉自己已经主动泄露了您想知道的秘密后，就派了马车夫来监视您，然后我自己女扮男装跟着您到了您的家门口。

还记得昨晚有人在您家门口向您道了声晚安吗？那就是我。这样，我确定了您就是那位著名的福尔摩斯先生，而我，显然已经被您盯上了。

昨晚从您那儿离开后，我就去找了我的丈夫。我和我丈夫都认为，与其被一位侦探盯着，还不如走为上计。因此，当您看到这封信的时候，我早已经离开了。至于那张照片，请您让国王放心，我已经爱上了一个比他更好的人，而这个人也爱我。

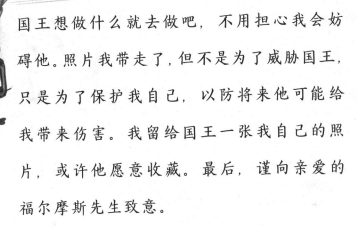

国王想做什么就去做吧，不用担心我会妨碍他。照片我带走了，但不是为了威胁国王，只是为了保护我自己，以防将来他可能给我带来伤害。我留给国王一张我自己的照片，或许他愿意收藏。最后，谨向亲爱的福尔摩斯先生致意。

艾琳

三个人看完信后，国王叹了口气，说："多了不起的女人啊，多了不起啊！我早就说了，她是多么机敏和果断！可惜她不是王室的成员，我们没法结婚，不然她该是一位多么令人钦佩的王后啊！"

福尔摩斯冷冷地说："现在看来，这位女士确实和您很不一样！国王，我很遗憾没能办妥这件事。"

"不不不，福尔摩斯先生，恰恰相反。"国王说道，**"没有比这更漂亮的结局了**，我知道她会说话算数的。现在，那张照片就像被烧掉一样使我放心了。"

国王从手上脱下一枚绿宝石戒指，想要送给福尔摩斯，福尔摩斯却说："国王，有一件比这枚戒指更有价值的东西。"国王爽快地回答道："说吧，是什么，我给你！"

福尔摩斯指了指艾琳的那张单人照，说："这张照片。"国王惊讶地瞪大了眼睛："艾琳的照片？！如果你真想要，那当然可以。"

"那就谢谢您了，国王。您委托的这个案子已经了结，就此告辞。"福尔摩斯向国王鞠了一躬，但对国王向他伸出的手，他却连看都没看一眼，就

和华生一起离开了。显然，福尔摩斯很欣赏那位美貌绝伦而又聪明绝顶的艾琳女士。后来，每当福尔摩斯说到艾琳或者提到她的照片时，他总是用**"那位女士"**这样尊敬的称呼。

　　原来，像福尔摩斯这么厉害的神探，也有失败的时候啊！所以，失败一次两次，根本没什么大不了的，下次继续努力就好了。

红发协会

1

秋季的某一天，华生像往常一样，去拜访他的老朋友福尔摩斯。他跨进房门，发现福尔摩斯正在和一位矮矮胖胖的红头发老先生谈话。"噢！抱歉，打扰你们了。"华生有些愧疚，他正要退出去，福尔摩斯一个箭步走过来，一把拽住华生的胳膊，把他拉进了房间。

福尔摩斯热情地说道："医生，你来得正是时候！我知道你和我一样，讨厌单调无聊的生活，喜欢那些稀奇古怪的事情。正好，这位威尔逊先生刚刚给

我讲了一件相当有意思的事。我现在还没办法断定它是不是一起犯罪案件，但它真的是我听过的最离奇的事了。"

"威尔逊先生。"福尔摩斯又转过身对老先生说，"麻烦你从头再讲讲这件事情的经过。我请你从头讲，一方面是因为华生医生刚才不在，另一方面也是因为这个案件相当奇特，所以我想从你这里尽可能详细地了解具体情况。"

听到他的话，这位矮矮胖胖的老先生立刻从大衣口袋里掏出一张又脏又皱的报纸，把它摊开，平铺在膝盖上。他垂着脑袋，眯着眼睛，认真查找报纸上面的广告。

趁此机会，华生仔细地打量起这个人。他想要模仿福尔摩斯，从对方的外表上看出点名堂来。这位老先生看起来就是一个普普通通的英国商人，有点儿肥胖，样子浮夸，动作迟钝。在他身旁的椅子上放着一顶磨损了的礼帽和一件褪了色的大衣，大衣的衣领有点儿**皱褶**。可是，这些信息好像都没什么用啊！华生摇了摇头，懊恼地想，这个人除了长着一头**火红色的头发**，也没什么特别的地方嘛。

福尔摩斯锐利的眼睛看穿了华生的心思，他不由得勾起嘴角笑了笑："医生，这位老先生干过一段时间的体力活，到过中国，最近还写过不少字。"

"啊？你在说什么！"听了这话，威尔逊先生突然挺直了身子，他的手指头还压在旧报纸上，但脸已经转过来，盯着福尔摩斯问道，"我的老天爷！福尔摩斯先生，你怎么知道这些的？嗯……比如、比如你怎么知道我干过体力活？没错，我以前是在船上当过木匠。"

"这很简单呀。"福尔摩斯把眉头轻轻一扬，"先生，你看你这双手，右手比左手大。你一定是用右手干活，所以右手的肌肉比左手的发达。"

威尔逊先生低下头，对比了自己的双手，若有所思地说："是，还真是这样！可你又怎么会知道我最近写了很多字呢？"

"你看看你右手的袖子，那儿有一块被蹭得闪闪发光，还有左手肘关节的地方打了块补丁。这种磨损十有八九是写字写多了，衣服长期跟桌面摩擦造成的。"福尔摩斯**像解数学题一样**，一条一条地慢慢分析，"你一定还想问我为什么知道你去过中国。我注意到你的右手臂上有一条鱼的文身。那文身很特别，竟然给鱼身上大大小小的鱼鳞都细腻地文上了粉红色。据我所知，这只有在中国才能做到。另外，你的手腕上不还戴着一枚中国钱币嘛。"

听完福尔摩斯的分析，威尔逊忍不住大笑起来。他竖起拇指叫好："妙！真是太妙了！我怎么想不到啊。噢！我找到那条广告了。"威尔逊指着广告栏的中间，严肃地说道，"就在这儿，这就是整件

事情的起因。"

华生接过报纸，大声念了出来："红发协会招聘。现有一工作岗位，工资为每周 4 英镑，工作相当轻松。只要是红头发的伦敦男性，年满 21 岁，身体健康，智力健全，就符合条件。求职者请在星期一上午亲自到教皇院 7 号**红发协会办公室**，找罗斯先生申请。"

这真是一则不同寻常的广告，华生惊讶地喊道："会有这种好事？每周 4 英镑，也算是一笔不错的收入啦！这到底怎么回事啊？"

威尔逊将事情的原委细细道来："我在市区附近的广场上开了个小当铺。我这买卖很小，只够勉强维持生活。后来生意越来越不好做。我以前还有

能力雇两个伙计，现在只能雇一个。"威尔逊苦着脸，愁眉不展地说，"哎，不怕你们笑话，就这一个伙计我也雇不起。幸亏这个年轻伙计说，他只是想学着做生意，愿意只拿一半的工资。"

"哦？"福尔摩斯又开始挑眉了，他追问道，"这位善良的青年叫什么名字？"

"他叫斯波尔丁。福尔摩斯先生，你是不知道，我这个伙计真的又聪明又能干。我心里清楚，他要是去别的地方打工，肯定可以赚更多的钱。不过，既然他很满意自己的工作，我又何必要劝他走呢？"

"是吗？威尔逊先生，你能用这么便宜的工钱雇到伙计，好像是挺幸运的。就是不知道，你的这个好伙计有没有什么怪癖呢？"

威尔逊先生歪着头想了一会儿，说："是有一个怪毛病。他很爱照相，老爱拿着相机到处照。他一照完相就急急忙忙地跑去地下室冲洗，快得就像兔子钻洞一样。不过，总的来说，他是个好伙计，我很喜欢他。"

福尔摩斯心里头有了想法，他笑眯眯地说道："好的，我知道了，请继续讲下去吧。"

两个月前，威尔逊的伙计，也就是那位只拿一半工钱的斯波尔丁拿着报纸走进房间，不满地抱怨道："哎，先生，我要被气死了，我真希望自己是个红头发的人。红发协会那群人有钱都没地方花。天哪！要是我的头发能变颜色就好了，那我就能享福了。"

威尔逊被伙计弄糊涂了，他完全不知道对方在说什么。他一天到晚都待在铺子里做生意，基本不出门，根本不清楚外面的新闻。

"什么！你居然不知道这事儿？"看到威尔逊茫然的表情，伙计斯波尔丁的两只眼睛瞪得大大的，他吃惊地反问道，"先生，你没有听说红发协会的事吗？怪不得呢，我还奇怪你为什么不去申请那个肥差。一周给 4 英镑工资，工作还相当轻松，而且你有别的工作也不碍事。"

斯波尔丁把报纸上的广告指给威尔逊看："据我了解啊，红发协会的发起人是一个百万富翁。这人有个古怪的地方——因为他自己的头发是红色的，所以他非常喜欢红头发的人。他生前留下遗嘱说，要用他的财富来帮助红头发的男子，让他们过上舒适的生活。"

怎么会有这么奇特的组织？这则广告是真的吗？

2

威尔逊听说这个消息后，苦笑着摇摇头说："这种好事应该轮不到我吧，一定会有成百上千的红头发的人去申请。"

斯波尔丁鼓励他："先生，没你想的那么困难。你仔细看广告，它说了只能由伦敦人申请。我听说，这位富翁年轻时是在伦敦发家的，他想为这座城市做点好事。我还听说，如果你的头发是浅红色或深红色，而不是真正发亮的火红色，那你去申请了也是白搭。威尔逊先生，你要是嫌麻烦不想去，那就别去啦，你也不缺那点钱，是吧？"

"缺呀，那点钱对我来说太重要啦！"威尔逊照了照镜子，镜子里，他的头发颜色鲜红，简直像是**一团燃烧的火焰**。威尔逊决定去碰碰运气，他带着斯波尔丁向广告上登的那个地址出发。

还没走到目的地，威尔逊就已经被眼前的阵仗吓坏了。大街上挤满了红头发的人，远远看上去就像是水果小贩推的柑橘车。

"天哪！天哪！"一路上，威尔逊惊讶得合不拢嘴，他根本没想到一则小小的广告竟然召集了这么多人。这些人的头发红得各有不同——橘红色、砖红色、棕红色……不过，真正鲜艳的火红色倒是不多。

看到有这么多人来应聘，威尔逊又想**打退堂鼓**。可伙计斯波尔丁却不停地给他打气，又连推带搡地硬挤出一条路，带着威尔逊来到办公室门口。

办公室里摆放着几把木椅和一张办公桌。办公桌后面坐着一个头发颜色比威尔逊的还要红的小个子男人。每一个应聘者走到小个子男人跟前，他都会点评几句。他总是想办法在应聘者身上挑毛病，说他们不合格。不过，轮到威尔逊时，这个小个子男人的态度突然变得客气了起来。

他后退了一步，歪着脑袋，对着威尔逊的头发凝视了老半天。随即他大步走上前，握住威尔逊的手，激动地说："先生，你非常适合担任这个职位。你满足了我们的所有条件。你头发的颜色实在太好看了。天哪！它们红得就像一团火。不过，我必须谨慎小心地求证一下，我想你不会介意吧？"小个子男人说着，突然伸手揪住威尔逊的头发，用力拔了一下。"啊！你在干吗？！"威尔逊痛得大喊，眼泪都流了出来。小个子男人连忙撒开手，继续保持着礼貌的微笑说："嘿嘿，先生，你看你的眼泪

都流出来啦。恭喜你，你通过了测试！你不知道，我们被戴假发的家伙骗过好几次，现在不得不小心一点。"

小个子男人又说道："我叫罗斯，我也是红发协会中的一员。你的工作时间是每天上午 10 点到下午 2 点。你什么时候可以来上班？"威尔逊坦诚地说道："我这儿还有点小麻烦，因为我自己有一个店铺，做点小生意。"伙计斯波尔丁自告奋勇地说："先生，店铺不要紧，我可以帮你照看。"

威尔逊感激地看了斯波尔丁一眼，问道："罗斯先生，我可以接下这份工作。请问工资怎么算呢？"

"每周4英镑。不过，上班时间你必须一直待在办公室里，不能出这栋楼半步，不管是有病、有事或其他理由，都不行。如果你上班期间离开这栋楼了，哪怕只有一次，那就等于永远放弃了这个职位，绝不可能再被红发协会录用。"

威尔逊拍了拍胸脯，信誓旦旦地说："总共就4个小时，我绝不会离开半步。"

罗斯满意地点了点头，说道："威尔逊先生，你的工作是抄写一本大辞典，明天可以来上班吧？"

"抄辞典？这太简单了！"威尔逊激动得有点六神无主，不知所措。他不敢相信自己会这么幸运。

他和斯波尔丁一起快步离开了那个房间，向家里走去。一路上，他好几次都想大喊大叫，甚至想和陌生人分享这个好消息。不过，他心里隐隐又有一些担忧，总觉得不踏实：说不定是有人在捉弄我呢！抄辞典？这也太简单了吧，我如果是大富翁，一定不会花大钱请人做这种没用的事。

威尔逊忧心忡忡，倒是他的伙计斯波尔丁想尽一切办法来安慰他。临睡前，威尔逊终于安下心来了：没关系，我明天去看看，到时候就知道是真是假。

第二天，威尔逊带着书写工具去了办公室。让他感到惊喜的是，一切都很顺利。罗斯先生把任务交代好以后就出去了，偶尔会进来看看威尔逊的工作进行得怎么样。下午2点，威尔逊准时下班了。

日子就这样一天天过去。到了周末，罗斯遵守诺言，给威尔逊结算了一周的报酬。第二个星期是这样，第三个星期还是这样。渐渐地，罗斯先生不怎么来视察工作了，有时候他一个上午只来一次，再过一段时间，他就根本不来了。即使没人检查，威尔逊也不敢随便离开办公室，他可不想弄丢这份好差事。就这样，8个星期过去了。威尔逊每天兢兢业业地工作，他抄写的东西几乎堆满了一个书架。

然而，就在这天早上，美好的日子突然宣告结束。

"今天上午10点，我照常去上班，但是办公室的门锁着，门上贴着一张方形小卡片。喏，就是这个。"威尔逊递了过来，福尔摩斯定睛一看，卡片上写着：

从今天开始，红发协会正式解散。

1890年10月9日

福尔摩斯轻笑了一声，把卡片还给威尔逊，问道："后来呢？后来你去哪儿了？"

"我……我真的很震惊，先生，你能明白我的心情吗？"威尔逊的情绪有些激动，他结结巴巴地说，"我完全不知道怎么办，只能到处找人打听。我问遍了周围所有街坊邻居，但谁也不知道这是怎么回事。最后，我想到去找那栋楼的房东，问他红发协会出了什么事。"

然而，房东只是茫然地摇了摇头："红发协会？这是什么？剪头发的店铺吗？我从来没听说过。""不可能啊，房东先生！那你认识罗斯先生吗？就是住那屋的那位先生。"威尔逊急得直跳脚，他指着那间办公室问道。

"罗斯？不认识。我只知道那儿住了一个红头发的人，叫莫里斯。他昨天刚搬走，我知道他搬哪儿去了。"房东把莫里斯的新地址告诉了威尔逊。

3

威尔逊按照新地址去探访时，发现那儿只是一个小工厂，厂里根本没有叫莫里斯或者罗斯的人。

这太奇怪了！整件事情都太奇怪了！威尔逊不愿意糊里糊涂地弄丢这份好差事，于是他想到了足智多谋的福尔摩斯。"福尔摩斯先生，我真的很想知道这究竟是怎么回事。他们都是些什么人？他们为什么要拿我开玩笑？弄不明白这些问题，我根本安不下心，睡不好觉。"

福尔摩斯点了点头，赞许地说道："威尔逊，你来找我就对了。就我目前掌握的信息来看，这件事很不简单，它可能牵连着一起严重的大案件。你先回答我几个问题。第一，是你的伙计告诉你招聘信息的吧？那名伙计在你那里干了多久了？"

"没多久，就是发招聘广告的一个月以前。他

干活麻利，头脑灵活，还主动提出只要一半的工资，我觉得他相当不错，就把他留下了。"

福尔摩斯追问道："这个伙计长什么样？"

说起自己的伙计，威尔逊相当满意，他介绍说："他动作很敏捷，大约 30 岁。他的前额有一块被硫酸烧伤的白色伤疤，两只耳朵上穿了孔。"

"我知道他是谁了！"福尔摩斯突然兴奋地挺直了身子，"他还在你那里干活吗？"

"啊？"威尔逊不懂福尔摩斯为什么这么激动，他挠挠头说，"在！他现在就在店里。我不在的时候，生意都是由他照料，他又认真又负责，根本不用我操心。"

福尔摩斯问清楚细节后，就让威尔逊回去等待回音。威尔逊走后，福尔摩斯严肃地对华生说："医生，我得抽会儿烟。这次的案子非常棘手，请你在 50 分钟内不要跟我说话。"刚一说完，他就屈起腿，蜷缩在椅子里，瘦削的膝盖几乎快要挨着他那鹰钩般的鼻子了。他闭上眼睛一声不响地坐在那里，嘴里叼着的那只黑色陶质烟斗，看起来像是又尖又长的嘴。

50分钟一到，福尔摩斯立即从椅子上一跃而起，吓了华生一大跳。这时的福尔摩斯看起来一副**神清气爽**的样子。他把烟斗搁在壁炉台上，轻松地说："医生，今天下午有音乐会，我们一块儿去听吧。我们可以穿过市区，顺路吃点午饭。"

"现在去吗？那走吧。"华生早就习惯了福尔摩斯各种不寻常的举动。

他们去音乐会的路上，刚好经过威尔逊先生的当铺。这附近都是些狭窄又破落的小巷子，在街道拐角的一所房子上方，有一块棕色木板，上面刻着"威尔逊"这几个白色大字。福尔摩斯在那所房子前面停了下来，歪着脑袋细细察看。

"这巷子真是又破又乱，我们的对手倒还挺聪

明！"福尔摩斯停下脚步，专注地观察周围的环境。过了一会儿，他又走到那家当铺附近，用手杖使劲敲了敲地面，然后径直走到当铺门口敲门。没过多久，一个看上去精明能干的小伙子打开了门，这应该就是威尔逊先生的伙计了。伙计热情地问道："嘿！先生，有什么能帮到您吗？"福尔摩斯向他询问举办音乐会的场馆的地址。伙计客气地给福尔摩斯指了路，然后迅速转身回到当铺，并关上了门。

福尔摩斯皱着眉头，眼睛直勾勾地盯着当铺紧闭的门。突然，他的脸上露出神秘的笑容，看来，他知道自己离答案越来越近了。

华生被福尔摩斯的举动弄得**一头雾水**。他疑惑地问道："你在看什么啊？为什么要拿手杖敲打地面呢？"

"噢！我亲爱的医生，"福尔摩斯揽住华生的肩膀，压低声音说，"现在还没到揭晓谜底的时候。

走！我们去看看店铺后面。"

　　他俩绕过了破败的小巷，看到的是截然不同的景象：店铺背后是一家家装潢精美的商店和一座座富丽堂皇的楼宇。这片繁华的商业区居然和破败的小巷挨在一起，真是让人难以置信。

　　福尔摩斯的反应非常平静，他似乎早就预料到了这种场面。他抬起头，顺着那一排房子看过去："我得想办法记住这些房子的顺序，这对破案很有帮助。这里有一家烟草店，然后是一家卖报纸的小店，再

过去是一家银行，还有素食餐馆、马车制造厂……"福尔摩斯的眼睛就像是照相机，**咔嚓咔嚓**，把周围的一切都照了下来，然后统统装进脑袋里。忙完了这一切，福尔摩斯的神情显得越发轻松。他冲华生笑了笑："好啦，医生，我们的工作完成了，现在该休息休息了。走吧，音乐会要开始了。至于那位红头发先生的难题，就先放在一边吧。"

整个音乐会期间，福尔摩斯都安安静静地坐在观众席上，有时，他会随着音乐的节拍轻轻挥动双手，脸上还带着温和的笑意。看着福尔摩斯完全沉醉在音乐中的样子，华生心里响起了一个清晰的声音：福尔摩斯的对手要倒大霉了。

音乐会散场后，福尔摩斯又变得严肃起来。他郑重地对华生说："医生，发生在威尔逊当铺的事是桩重大案件，我们得及时制止他们。今晚我需要你的帮助。"

华生向来很仗义，他立马说道："好！有需要我帮忙的地方，你尽管说。"

"那咱们今晚10点碰面。不过，医生，这次的行动可能有点儿危险，记得把你的枪带上。我还有别的事情要安排，我先走了。"福尔摩斯交代完后转身离去，不一会儿就消失在了人群中。

望着福尔摩斯离开的方向，华生感到有些懊恼。他一直觉得自己还算是一个聪明人，但是，在和福尔摩斯的交往中，他总是感觉到一种无形的压力——我是不是太笨了？现在这种压力又来了，华生嘀咕着："明明他听到的，我也都听到了；他见到的，我也都见到了。我现在毫无头绪，他却已经清楚地知道发生了什么，还能准确地预见将要发生的事。天底下怎么会有这么聪明的人！"华生在乘车回家的路上，又把事情从头到尾捋了一遍，仍然没有找到有用的线索。

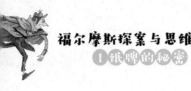
4

时间一到，华生就迫不及待地从家里出发了。走到福尔摩斯居住的贝克街时，华生看到两辆马车停在公寓门口。这都是谁的马车啊？有人来找福尔摩斯吗？华生想。当他走进过道的时候，听到从楼上传来说话的声音。华生快步走进房间，发现屋子里多了两个人。其中一个是警察局的琼斯警探，他和福尔摩斯合作过，最后成功地逮捕了犯人；另一个高个子男人穿着很讲究，看来身份还挺尊贵的。

看到华生进门，福尔摩斯高兴地说："行了！我们的人都到齐了。"他一边说着，一边找出他那根打猎用的鞭子，"华生，琼斯警探你早就认识了，另一位是银行董事，算是银行的老板之一吧。今晚，他要和我们一起参加冒险行动。"

这位银行董事似乎不太高兴，他面无表情地说：

"冒险行动？呵呵，我只希望今晚不是瞎折腾。我必须声明一下，因为要参加这个所谓的冒险行动，我将错过今晚的桥牌。这是我27年来，头一次星期六晚上不打桥牌。"

福尔摩斯哈哈大笑，安慰他说："董事先生，你无须担心。很快你就会发现，今天晚上你下的'赌注'比你以往下过的都大，而且，这次'打牌'的场面将更激动人心。我还可以预言，董事先生，你今晚的赌注大约值3万英镑；至于琼斯警探，你的赌注就是你想要逮捕的人。"

"等等，3万英镑是什么意思？逮捕又是怎么回事？"华生疑惑地问道。

琼斯警探主动解释说："3万英镑嘛，我不太清楚。不过，今晚我们要抓的人，就是神出鬼没的约翰·克莱，我想抓他很久了。哦，你应该不认识约翰·克莱，他的祖父是贵族，他自己却是个罪犯头头，杀人、偷盗、抢劫、诈骗，无恶不作。这混蛋像狐狸一样狡猾，身手又相当灵活。我追踪他很多年了，却连他的面都没见过。"

这时，福尔摩斯看了看怀表，站起身说："好啦！时间到了，我们出发吧。"

大家坐上马车，又去了之前去过的那条商业街。下车时，福尔摩斯压低声音对华生说："我特意找了琼斯警探当帮手。虽然这人办案不怎么聪明，但他身上有一个值得肯定的优点——勇敢。他一旦和罪犯碰面，就凶猛得像条猎犬，顽强得像只龙虾。哦，他们俩先走了，医生，我们快跟上。"

银行董事走在最前面，他带领大家走过一条狭窄的通道，又穿过一扇小门。门后面是一条走廊，走廊的尽头出现了一扇巨大的铁门。铁门厚重冰冷，像是一头看守宝库的猛兽，华生忍不住哆嗦了一下。银行董事掏出钥匙打开了铁门。他们一连穿过三扇

这样的大铁门，最后来到一间封闭的大房间里。

福尔摩斯举起手提灯四下察看，只见房间里堆满了板条箱。他赞许地说道："董事先生，你们的安保工作做得不错。那些心怀鬼胎的盗贼要是想从地上突破，还真不是一件容易的事儿。"

银行董事十分得意，他一边用手杖敲打地面，一边说："要是想从地下突破，恐怕也不容易——啊！

不好！"他震惊地抬起头来，声音都在发颤，"听声音，这地底下是空的！"

"安静点！不要乱嚷嚷！"福尔摩斯严厉地低声说道，"你这样很容易打草惊蛇。请你找个箱子坐下好吗？不要干扰我们的行动。"

银行董事张了张嘴，又不知道该说些什么，只好乖乖坐到一个板条箱上，脸上挂着委屈的表情。福尔摩斯不再说话，他跪在地上，拿着手提灯和放大镜细致地检查地面石板之间的缝隙。

片刻后，福尔摩斯检查完毕。他站了起来，对大家说："我们起码还要再等一个小时。在那个憨厚的当铺老板睡熟以前，盗贼们绝不会采取任何行动。等当铺老板一睡着，他们肯定会抓紧时间动手。医生，你应该已经猜到了，我们现在是在银行的地下室里。这位银行董事会向你解释，为什么那些罪犯会打这间地下室的主意。"

"这里临时存放着我们的法国金币。最近我们已经接到了好几次警告，说可能有人要抢银行。"银行董事忧心忡忡地说道，"几个月以前，我们向法兰西银行借了3万枚法国金币，因为一直没时间开箱取钱，就把它们都放在了地下室里。你看，我现在坐的这个板条箱里面就有2千枚法国金币。我以为这里很安全，没想到……哎！"

"董事先生，不必担心，盗贼现在不是还没得手吗？"福尔摩斯拍拍董事的肩膀，安慰他说，"相信我，我会在一小时内解决这个大麻烦。把灯罩给我，我们必须把手提灯的光遮住。"

"把光全遮住？"董事诧异地反问道，"那不就全黑了吗？我们要在黑灯瞎火里等一小时？"

福尔摩斯眉头紧皱，神色严峻地说道："恐怕是这样，一点儿光都不能有。我们的对手聪明机警，不是一般人。他们只要听到一点儿风声，立刻就会逃之夭夭。我们现在得选好位置藏起来。待会儿我一下指令，大家就立马扑上去。医生，如果他们开枪，你也千万别客气。"

福尔摩斯又说道："他们只有一条退路，那就是退回当铺，再逃出去。琼斯警探，你已经按照我的要求安排了吧？"琼斯恭恭敬敬地说："我已经听从您的吩咐，派人把守住了当铺那边的出口。"

"那就太好了，现在万事俱备，就等鱼儿上钩。"福尔摩斯用灯罩罩住了手提灯，地下室顿时陷入黑暗。每个人都感到十分紧张。大家放慢了呼吸，安静地等待着。

盗贼们真的会来吗？

5

地下室里又阴冷又潮湿，在这儿时间过得相当

缓慢。明明只过了一个多小时，华生却觉得像是熬了一个通宵。他根本不敢移动位置，长时间一个姿势导致手脚发麻了。他的精神紧张到了极点，眼睛也在警觉地观察四周的动静。他从面前的箱子上望过去，可以看到石板地。嗯？不对劲！那儿好像有隐约的亮光。华生心头警铃大作，他屏住呼吸，眼睛眨也不眨，死死地盯着那块石板。

一开始，那只是些偶尔闪现的**灰黄色的火星**；过了一会儿，又变成了一条黄色的光束。忽然，地面上多了一条裂缝，一只手探了出来，小心翼翼地摸索着。几秒钟后，那人又迅速把手缩了回去。光束消失了，只有一点儿灰黄色的火星在石板缝间闪烁。

不过，动静并没有消失。很快，华生就听到了刺耳的声响，仔细一看，只见地板中间一块宽大的石板被整个翻了过来。地面上立刻出现了一个四方形洞口，里面还射出了手提灯的亮光。

　　一个人从洞口探出了脑袋，又用手撑着洞口两边，灵活地爬了出来。接着，他转过身，把自己的同伙一并拉了上来。他的同伙面色苍白，还有一头蓬乱的红头发。

　　先上来的那个人小声说道："喂，凿子和袋子呢？你都带来了吗？啊！天哪！不好！阿尔奇，跳！赶紧跳，其他的我来对付！"说时迟，那时快，福尔摩斯一跃而起，一把揪住这人的衣领。至于那个红

头发的阿尔奇，他猛地跳进了洞里，像兔子一样逃走了。

突然，手枪的枪管在亮光中闪了一下。"小心！他要开枪！"琼斯警探惊呼道。福尔摩斯没有给对方开枪的机会，他用打猎的鞭子猛地抽打那个人的手腕，手枪当的一声掉在石板地上。

福尔摩斯面无表情地说道："嘿！约翰·克莱，别白费力气了，你逃不掉的。"看清约翰·克莱的脸后，华生心里有些惊讶：这人真眼熟——啊，不就是白天见到的那个伙计嘛。

约翰·克莱看着福尔摩斯，冷笑着说："哦，好像真是这样。不过还好，至少阿尔奇现在是安全的。"

福尔摩斯冷冰冰地回应他："真是抱歉，让你失望了，警察们都在当铺那边的门口等着他呢。"

"嘿嘿，来吧，把手伸出来，让我铐上。"琼斯警探一边给他扣上手铐，一边乐呵呵地说道，"你马上就能见到你的同伴了。他跑得还挺快。"

"请不要用你们的脏手碰我。"约翰·克莱高昂着头，挑剔地说道，"我是尊贵的王室后裔。请你们在跟我说话时，用上'先生'和'请'字。"

听到他一本正经地说话，琼斯警探瞪大了眼睛。他勉强憋住了笑，说道："好吧，这位先生，请您往台阶上走。我们想把先生您送到警察局去。这样可以吗？"

和琼斯警探他们分别后，华生和福尔摩斯一起回到了贝克街。华生对刚才发生的一切还是感到十分疑惑，完全不明白这到底是怎么发生的。

"医生，红发协会的整件事都非常简单嘛！"福尔摩斯抿了一口酒，耐心地揭晓答案，"约翰·克莱设计了这么多，不管是那份古怪的广告，还是抄辞典这种轻松的工作，**都只有一个目的**，那就是把这位糊里糊涂的当铺老板骗走，离开当铺。他一定

是想趁老板不在的时候，偷偷摸摸干坏事。"

"噢！我好像明白了一些。"华生有点头绪了，"你是说，他们在报纸上刊登了广告，编造出一个叫'红发协会'的组织。那个叫阿尔奇的红头发同伙布置了一间办公室，假装自己是红发协会成员，也就是那个'罗斯先生'。至于约翰·克莱呢，他已经提前去了当铺老板家当伙计。广告一发布，这个心怀鬼胎的伙计就怂恿他的老板去申请那份工作。"

"就是这样，你分析得很不错。"福尔摩斯赞许地说道，"当我听说这个伙计愿意只要一半的工资时，就看出他绝对有问题。但我觉得奇怪的是，这个当铺生意惨淡，店里也没什么值钱的东西，根本不值得他们花那么多心思。因此，我推测他们的目标肯定不在当铺。那到底是在搞什么鬼呢？我突然想到这个伙计喜欢照相，想到他经常去地下室冲洗照片。我突然觉得云开雾散。地下室就是这起复杂案件的线索。医生，你说说，他要在地下室里捣鬼，而且要连续几个月每天干许多个小时才行。你猜他在里面干什么？"

经福尔摩斯一点拨，华生恍然大悟："他是想挖一条地道。所以你拿手杖敲打当铺周围的地面，就是想弄清楚地道的走向？找借口问路，也是为了看一看伙计裤子的膝盖部分？我想起来了，他裤子的膝盖部分又脏又破，一定是因为在地道里一边爬一边挖土留下的。"

福尔摩斯赞许地点点头，继续往下说："后来，我又绕到了当铺背后去察看。当铺背后的景象印证了我的所有推测。那是一条繁华的商业街，银行刚好和当铺挨着。**谜底**揭开了：这条地道就是通向那家倒霉的银行。"

"原来如此，你真是太厉害了！福尔摩斯，我只剩最后一个问题了，你怎么断定他们会在今晚作案呢？"

"嗯……他们的红发协会办公室关门了，这就是最重要的**信号**：他们已经不在乎当铺老板在不在店里了。换句话说，他们的地道已经挖通了。你想，时间一长，地道很可能会被发现，金币也随时可能被搬走，所以他们心里很着急，只想尽快行动。正好，今天是星期六，这比其他日子都合适。你知道的，银行星期天不上班，金币如果是星期六晚上丢的，第二天都没人知道。这样他们就有更多的时间逃跑。根据这些信息，我预测他们会在今晚下手。"

"妙！妙极了！福尔摩斯，你这番推理真是太精彩了！环环相扣，准确无误。你简直是个天才。"华生忍不住拍手叫好，丝毫不吝惜自己的赞美。

"这不算什么，"福尔摩斯打了个哈欠，漫不经心地说，"唉，我只是不想**庸庸碌碌**地虚度光阴。破了这些小小的案件，我的生活才多了些趣味。"

身份案

1

冬天来了，天气非常寒冷，华生和福尔摩斯坐在壁炉前取暖。福尔摩斯出神地看着壁炉里的火苗，突然感慨道："医生，人们总喜欢说'艺术源于生活，高于生活'，事实上，现实生活要比人们的想象奇妙千百倍。要是我们现在可以飞出去，在这座大城市的上空翱翔，当我们轻轻地揭开那些屋顶，一定会看见屋子里正在发生的不平常的事情，这可比那些老套的、一看开头就知道结局的小说有趣多了。"

"是吗？我可不信。"华生不以为然地说，"你

看报纸上的新闻，它们可以算是你说的现实生活吧？那些新闻又单调又乏味，哪有小说有趣！"华生随手拿起一份报纸，"比如说，这份报纸的第一则新闻讲的是丈夫虐待妻子。这条新闻可真长，占了报纸一半篇幅。我不用看就知道里面讲了些什么，无非是变心、酗酒、打骂。太无聊了，都是些老掉牙的东西。"

福尔摩斯接过报纸，粗略地扫视了一下，轻笑道："医生，你举的这个例子正好印证了我的观点。这位丈夫滴酒不沾，对妻子忠贞不二。他被指控的原因是他有一个恶劣的癖好——总喜欢在吃完饭后取下假牙，把假牙砸向他的妻子。哈哈，医生你看，小说家绝对想不出这么滑稽搞笑的情节。好了，医生，来点鼻烟吧！"

说着，福尔摩斯递过来一个黄金做的鼻烟盒，上面镶着一颗耀眼的大宝石。这个鼻烟盒看起来太

贵重了，和福尔摩斯平时简朴的生活形成了鲜明的
对比。福尔摩斯解释道："这是波西米亚国王为了
感谢我，送给我的礼物。"

华生又看到福尔摩斯手上戴着一枚光彩夺目的
钻石戒指，追问道："那戒指呢？"

"哦，这戒指啊，是荷兰王室送给我的。不过，

他们那个案子比较特殊，原谅我半点儿也不能透露，就算是对你这么忠诚的朋友。"

华生对此表示理解，又继续问道："那你最近手头上有什么有趣的案件吗？"

福尔摩斯无聊地伸了个懒腰，说："手上是有那么十一二件案子，但都没什么意思。"正说着，他往窗外看了一眼，接着说，"不过，说不定再过一会儿，就会有有趣的案子送上门来。要是我没猜错的话，又有一位客人要来了。"

他站起身向窗户走去，仔细俯视着窗外那灰暗而萧条的街道。华生顺着他的视线往外看去，只见街对面站着一个身材高挑的年轻女孩。她神情紧张，犹豫不决，不时抬头看一眼福尔摩斯家的窗户，两手烦躁不安地拨弄着手套上的纽扣。她大概是在进行激烈的心理斗争。突然，女孩像是下定了决心，就像游泳的人从岸上一跃入水那样，急速地穿过马

路。几秒钟后，华生听到了一阵**刺耳**的门铃声。

福尔摩斯熄灭了烟，说道："她一定是遇到了感情方面的问题。她想要征询一下别人的意见，但又觉得不应该把这样私密的事情告诉别人，所以在原地来回踱步。不过感情问题也分很多种。如果是妻子觉得丈夫做了非常对不起她的事，妻子根本不会犹豫，她会冲过来，急得把门铃线都给你拽断。我看这个女孩并不怎么愤怒，只是有点儿忧伤。这一定是一桩曲折的恋爱事件。"

福尔摩斯正说着，就听见有人敲门。仆人进来报告说玛丽小姐来访。话音未落，玛丽小姐就出现在了门口。她站在矮个仆人的后面，就好像大商船跟在领航的小船后面一样。福尔摩斯微微鞠躬，请她在扶手椅上坐下。就这一小会儿工夫，福尔摩斯已经漫不经心地把她打量了一番。

福尔摩斯说道："玛丽小姐，你眼睛近视，还

要打那么多字，不觉得费劲吗？"

"开始确实有点儿费劲，但熟练了以后，不用看就知道字母的位置。"突然，玛丽小姐领悟到这个问题背后的深意，她温柔和善的脸庞上露出害怕而惊奇的神情，"福尔摩斯先生，您认识我吗？您怎么知道我的情况？"

"这不算什么。"福尔摩斯笑着说，"我要是没有过人之处，你又怎么会来请教我呢？"

"先生，听说您神通广大，能解决一切难题。我并不富裕，除了打字所得的那一点点钱，我每年还有**100英镑**的收入。只要能打听到霍斯默先生的消息，我愿意把这些钱全拿出来。"玛丽小姐急切地说道，"我父亲对这事漠不关心。他不肯去报警，也不愿意到您这里来。他什么都不做，只是像和尚念经一样，不停地唠叨'没事，没事，没事'。我一听就火大，干脆自己过来找您。"

"你父亲？"福尔摩斯问道。

"其实是我的继父。"玛丽小姐苦笑道，"我叫他父亲，但他只比我大5岁零2个月。听起来是不是很可笑？我生父刚死不久，母亲就再婚了，男方比她年轻15岁，而且，他逼着我母亲把父亲留下来的公司卖掉了。这些都让我很不高兴。"

"你每年100英镑的收入是他们给你的吗？"福尔摩斯问道。

"啊，不是。那是我伯父留给我的，是些新西兰股票，每年都会有100英镑的利息。我看不惯我那位父亲，也不愿意成为他们的负担，所以我们商量好了，在我出嫁以前，他们可以动用我的钱。每个季度，我继父，也就是温迪班克先生都会把我的利息提出来交给母亲。"

福尔摩斯沉思了一会儿，说道："你的家庭情况我已经清楚了，请你再讲讲你想找的霍斯默先生吧。"

玛丽小姐的脸上泛起了红晕，她紧张地用手抚弄外衣的镶边，说："我第一次遇见他是在舞会上。我继父一直不准我参加舞会，甚至不准我随意出门。但是那一天，我决定反抗他的命令，偏要去参加舞会。他搬出了很多理由，但都没能说服我。正好又碰到公司有事，他被安排去了法国出差。于是我和母亲开开心心地去了舞会，就是在那里，我遇到了霍斯默。后来，霍斯默来我家里看望过我，我们……也一起散过两次步。后来父亲就从法国回来了。"

"我想，你父亲要是知道你去了舞会，一定会大发雷霆。"

"福尔摩斯先生，这次您说错了，"玛丽小姐摇摇头，说道，"他知道这件事后，反应很平淡，只是笑着耸耸肩膀，说我爱做什么就去做吧，想跳舞就去跳舞。不过，他回来以后，霍斯默先生就不能再到我家来了。我父亲不喜欢接待客人，他甚至

想尽办法不让客人来访。他总是说，女孩子就应该安安分分地待在家里，不要见外人。"

2

"霍斯默怎么说？他有想办法来看你吗？"福尔摩斯询问得很仔细。

"嗯……我们运气很好，父亲刚好一星期后又要出差去法国。霍斯默来信说，在父亲离家之前，我们最好不要见面，这样比较保险，不过，在这期间我们可以通信。他每天都会来信。他是莱登霍尔街一家公司的出纳员……"

"什么公司？"福尔摩斯追问道。

提到这个问题，玛丽小姐的眉头皱了起来："福尔摩斯先生，事情就麻烦在这里——我不知道。"

"那他住在哪里呢？"

"就住在办公室。"

"你居然不知道他的地址？"

"不知道……只知道是莱登霍尔街。"

玛丽小姐一问三不知，福尔摩斯有些诧异，他好奇地问道："那你的信寄到哪里呢？"

"寄到莱登霍尔街邮局，他定期去取。他说，如果寄到办公室，他的同事们会嘲笑他儿女情长。"

福尔摩斯耸耸肩膀，说道："行吧，我知道了。你还知道霍斯默先生的其他信息吗？"

"他……他是一个非常腼腆的人。他不想引人注目，白天不愿出门，只在晚上散步。他举止文雅，态度温和，说话的声音也很温和。他说他小时候患过扁桃腺炎和颈腺肿大，所以嗓子不大好，说起话来含含糊糊、细声细气的。他的视力也很不好，需要一直佩戴墨镜，遮挡眩光。"说到爱人，玛丽小姐的语气变得非常温柔。

福尔摩斯用指尖轻轻敲打着桌面，他思考了一会儿后发问："你继父温迪班克先生几天后又离开家去了法国，你和霍斯默的感情有进展吗？"

"霍斯默来过我家，他提议说，我们可以在父亲回来前结婚。他非常严肃，让我把手放在《圣经》

上发誓：不管发生什么事情，我都要永远忠于他。母亲很支持我们，她打心眼里喜欢霍斯默。他们商量着要在一个星期内举行婚礼。我担心父亲不同意，但母亲说不必在意这些，她会和父亲沟通。福尔摩斯先生，我很讨厌这样的做法。虽然我很不喜欢这位继父，但我也不愿意偷偷摸摸结婚。所以我寄了一封信到法国去，告诉父亲我的婚事。但是就在我结婚那天早晨，这封信被退回来了。邮差说这封信寄到时，父亲不在法国，可能是已经回国了。"

"是吗？那真是不巧。玛丽小姐，你的婚礼定在什么时候，是在教堂举行吗？"

"就定在上个星期五，我们决定在皇家十字路口的教堂举行婚礼。那天早晨，霍斯默来接我和母亲。我们分别坐上了两辆马车。我先到的教堂，他坐的四轮马车随后到达。我激动地等待着他下车，却没有等到他走出来。马车夫打开车门一看，车厢里空

荡荡的，根本没有人影。福尔摩斯先生，从那以后，我就再也没有听到他的消息。"

福尔摩斯试探着问："难道他逃婚了？他居然这样对待你，你是不是很恨他？"

"啊，不，不，不，先生。"玛丽小姐连忙摆手否认，"我为什么要恨他？他对我太好了，太体贴了，他不会一声不吭地离开我的。您瞧，他早就说过，不管发生什么事情，我都要永远忠于他。他总是强调这句话，当时我还觉得有点儿不可思议，但看看后来发生的事情，我就全明白了。我相信他一定是预见到了某种危险，否则他不会说这样的话。"

福尔摩斯**不置可否**，他继续问道："还有一个问题。你母亲怎么看待这件事？"

"她很生气，命令我不许再提这件事。"

"还有你父亲呢？你告诉他了吗？"

"告诉了，他倒是和我的想法一样。他说霍斯

默一定是暂时遇到了什么困难，他一定会回来的。父亲还帮我分析说，他让我先到教堂门口，自己却消失了，这对他没有一点儿好处。要是他找我借了许多钱，不告而别，还说得过去。可事实上，霍斯默根本不在意金钱，在我们相处的日子里，他没找我要过一分钱。福尔摩斯先生，我觉得父亲说的话很有道理。唉，他到底遇到了什么困难？为什么不和我联系？我快要被逼疯了，我真的受不了了。"玛丽小姐越说越激动，她抽出一块手帕，蒙着脸开始痛哭。

福尔摩斯见不得女孩子的眼泪，他连忙安慰她道："我会帮你处理这桩案子，你就不用再操心了。最重要的是，把霍斯默先生从你的记忆中抹去吧，就像他从未出现过一样。"

听到这句话，玛丽小姐猛地抬起头，瞪大了眼睛说道："您是说我再也见不到他了吗？他出了什么事？"

福尔摩斯**支支吾吾**地说："总之不用担心，你把这个问题交给我就好了。哦，对了，你有他以前寄来的信件吗？"

玛丽小姐擦了擦眼泪，从文件袋里拿出一沓纸："先生，这是他的 4 封来信。另外，我还在报纸上刊登过**寻人启事**。这就是那则启事。"

福尔摩斯接过信件和报纸，忽然问了一个突兀的问题："玛丽小姐，你父亲的工作地点在哪里呢？"

"他是商行的旅行推销员，我可以把商行的地址给您。"

福尔摩斯记下地址，温和地说道："玛丽小姐，你把情况说得很清楚。临走前，请记住我给你的劝告——这件事就到此为止吧，不要让它影响你的生活。忘掉这些不愉快的事情，你会开心许多。"

"福尔摩斯先生，您说得很对，但我真的做不到。

我会永远忠于霍斯默，他一回来我就和他结婚。"

玛丽小姐神情悲伤却十分坚定，她礼貌地向福尔摩斯和华生告别，然后转身离去。

玛丽小姐走后，福尔摩斯沉默了好几分钟，他两手的指尖顶着指尖，双腿向前伸展，眼睛出神地盯着天花板。

3

看着玛丽小姐离开的背影，华生沮丧地说："福尔摩斯，你真厉害，你又在她身上看到了很多我看不出的信息吧？"

"你不是看不出，是不注意。你不知道该看哪里，所以忽略了一些重要的东西。嗯……你从玛丽小姐的外表看到了什么呢？说给我听听。"

华生闭上眼睛回忆道："她戴着一顶蓝灰色的

宽边草帽。外套是灰黑色的，上面有一些黑色的珠子。她戴着浅灰色手套，右手手套的食指部分已经磨破了。她穿的什么鞋我倒没有注意。从她整体的穿着和气质来看，她的家境应该还算富裕。"

"华生，你的进步很大。你的这番描述很准确。"福尔摩斯抿嘴微笑道，"虽然你把一些重要的东西忽略了，但至少已经掌握了正确的方法。朋友，观察可不能靠一般印象，还得多注意细节。我最先着眼的是她的袖子，她的袖子上有长毛绒，这种材质的布料最容易留下印记。果然，我在她手腕往上一点的地方看见了两条明显的纹路，那是打字员打字时压着桌子的地方。我又看了看她的脸，她的鼻梁两边都有戴眼镜留下的凹痕。所以我大胆猜测她是个打字员，还有些近视。其实，除此之外，我还看出她今天是匆匆忙忙出门的。"

华生好奇地问道："这你是怎么看出来的？"

福尔摩斯回答道："你注意到她的靴子了吗？两只靴子虽然看着有点儿像，但仔细看就能看出，它们并不是同一对的。靴子上的扣子也扣得很不整齐。你想想看，一个穿着体面的姑娘，竟然穿了一双不配对的靴子出门，而且靴子的扣子明显是胡乱扣上的，这还不能说明她是匆忙出门的吗？"

"你说得太对了！还有吗？你还看出什么了吗？"华生追问道。

福尔摩斯继续说道："我还知道，她出门之前写了一张纸条，而且是在穿戴好之后。"华生惊讶地睁大了眼睛。只听福尔摩斯继续说："你只看到她右手手套的食指部分破了，但你没注意到她的手套和食指上，都沾了一些墨水。这说明她写得很着急。她肯定是出门前急忙写的，不然，墨水不会现在还留在她的手指上。不过，这都是题外话了，医生，给我念一念那则寻人启事好吗？"

华生一边感叹着福尔摩斯神奇的观察力，一边把报纸凑到灯前，念道："14日早晨，一位名叫霍斯默的先生失踪了。此人中等身高，体格健壮，头发乌黑，头顶略秃，留有浓密胡须，常戴浅色墨镜，讲话低声细语。若有人……"

"行了，这就够了。"福尔摩斯又拿起信件看

了看，说道，"这些信件的内容都很平常，没什么有用的线索。不过有一点很有意思，医生，你发现了吗？"

华生接过信件，诧异地说道："这些信件是用**打字机**打出来的！"

"不仅如此，就连霍斯默的签名也是用打字机打的。这个签名很能说明问题，事实上，它会帮我们解开谜团。不过，我得马上写两封信，一封给伦敦的一个商行；另一封给玛丽小姐的继父温迪班克先生，约他明天晚上6点碰面。"福尔摩斯调皮地眨了眨眼，"我们不妨跟这位先生打打交道。医生，我们就安安静静地等待回信吧。"

第二天，华生接收了一个病情严重的患者，他在病床边忙碌了一整天，快到晚上6点才忙完。安置好患者后，华生赶紧跳上一辆马车前往贝克街。

华生见到福尔摩斯时，福尔摩斯正独自待在家。

他瘦长的身体蜷缩在扶手椅中，整个人迷迷糊糊的，半睡半醒。

"咦，这是什么味道？"一股刺鼻的气味钻入华生的鼻腔。华生皱着眉一看，只见桌上摆放着一排排烧瓶和试管。看来，福尔摩斯刚刚结束他酷爱的化学实验。

"怎么样，解决了吗？"华生走到他身边，拍拍他的肩膀说。

听到华生的声音，福尔摩斯一下子睁开眼睛，高兴地说道："解决了，实验成功啦！"

"不，不，我说的是那个失踪案啊！"华生叫道。

"呵，那个事啊！我还以为你在问我的实验呢。医生，我昨天就说过了，这案子没什么困难，不过有些细节还是很有趣的。我唯一的遗憾是，那个恶棍不会受到法律的惩处。"福尔摩斯失望地摇了摇头。

华生十分好奇："那人是谁呢？他为什么要抛

弃玛丽小姐？"

福尔摩斯还没来得及开口回答，楼道里就响起了一阵沉重的脚步声，接着，有人在敲门。

"玛丽小姐的继父温迪班克到了。"福尔摩斯讥笑道，"他给我回信说6点钟会到。温迪班克先生，请进！"

一个男人闻声进来，他身体结实，中等身高，三十来岁，胡须刮得干干净净，灰色的眼眸，眼神锐利逼人。他探究地扫视了福尔摩斯和华生一眼后，微微鞠了个躬，侧身坐在身旁的椅子上。

"晚安，温迪班克先生，"福尔摩斯也点头示意，"我想，这封回信是你派人送来的吧？"

"是的，福尔摩斯先生，真是太抱歉了，玛丽拿这种小事来麻烦你。我一直都说家丑不要外扬，没想到她自己偷偷跑来找你们。两位先生也看到了，她脾气不好，又容易冲动。要我说，她做这一切都

是白费力气，你们怎么可能找到霍斯默这个人呢！"

"倒也不是白费力气，"福尔摩斯平静地说道，"我确信我会找到霍斯默先生的。"

听到这话，温迪班克先生的身子猛地震了一下，手套都掉在了地上，他脸色有些发白："是吗？太好了。"

"温迪班克先生，我有一个新发现。"福尔摩斯的目光漫不经心地落在对方脸上，"正如字如其人一样，**打字也可以体现出一台打字机的特色**。就比如两台用过的打字机，打出来的字绝对不会一模一样。不同字母的磨损程度不一样，有的字母甚至磨损了半边。温迪班克先生，请看你昨天给我的回信，字母'e'总是有点儿模糊不清，字母'r'的尾巴总是有点儿缺损。噢！还有其他14个明显的特征，我可以一一说给你听。"

"我的回信是用公司的打字机打的，那台打字

机确实有些年头了。"温迪班克不明白福尔摩斯问话的意图，他用发亮的小眼睛狐疑地瞥了一眼福尔摩斯。

"真是太好了，事情就巧在这里。"福尔摩斯轻笑了一声，说道，"我手边刚好有4封霍斯默先生的回信，是玛丽小姐昨天给我的。这些回信都是用打字机打的，而且每封信中的字母'e'都是模糊的，字母'r'都是缺尾巴的。温迪班克先生，要是你愿意用我的放大镜看一看，你还会发现我提到的其他14个特征。"

温迪班克先生从椅子上一跃而起，他气愤地朝门口走去，嘴里还怒斥道："我不知道你在说什么，也不想浪费时间听你说这些无聊的发现。你要是能抓到那个人，就去抓他吧！"

福尔摩斯大步上前，迅速把门锁上。他转过身，淡定地说道："那我告诉你吧，我已经抓到他了。"

4

听到这话，温迪班克先生吓得惊慌失措，嘴唇
也失去了血色："啊？什么？在哪里？那混蛋在哪
里？"他眨巴着眼睛，像是一只掉进捕鼠笼里的老鼠。

"别演了，"福尔摩斯温和地说，"温迪班克先生，
真相早就水落石出了。你说我找不到霍斯默，未免
也太小看我了！坐下吧，我们一起聊聊。"

温迪班克先生瘫在椅子上，额头上直冒冷汗，
他结结巴巴地说道："但……但你没办法去法院告我，
我的行为没有犯法。"

"确实，没有一条法律能惩治你。温迪班克先生，
你真是厉害，你是我见过的最自私、最残酷、最丧
心病狂的人。还是让我给你讲个故事吧。"

温迪班克先生不发一言，缩成一团坐在椅子上，

脑袋也耷拉到胸前。

福尔摩斯放松地坐在扶手椅上，向后仰着身子，说了起来："一个男人因为贪图金钱，和一个比他大得多的女人结了婚。他的继女还有一笔可观的收入，只要继女没出嫁，他就可以一直享用继女的钱。要是没了这笔钱，他的生活质量会大大降低，所以他想尽办法不让继女结婚。但是，他的继女心地善良、温柔多情，这样优秀的姑娘很受欢迎。于是，他设法把继女关在家中，不让她和同龄的朋友交往，尽可能地阻止她恋爱。但这并不是长久之计。他发现，继女开始不听话了，她居然有了自己的想法，坚持要去参加舞会。温迪班克先生，你说说，她这么固执，她那个诡计多端的继父该怎么办呢？"

温迪班克先生早就被吓得魂不附体，几乎快要昏死过去。福尔摩斯鄙夷地看了他一眼，自己回答道："这位继父想出了一个毒辣的办法。在他的妻子，就是继女母亲的默许和帮助下，他把自己伪装起来。他戴上墨镜，在脸上粘上**毛蓬蓬**的假胡子，又故意压低声音，模仿温和的语调。可怜的继女还是近视，更加看不清他的伪装。于是，他以霍斯默先生的名义出现，向继女求婚，免得她爱上别的男人。"

"我、我只不过是跟她开开玩笑，"温迪班克哼哼唧唧地辩解道，"我们根本没料到她会那么痴情。"

"根本就不是开玩笑！"福尔摩斯厉声呵斥道，"那位年轻的姑娘被甜言蜜语冲昏了头脑，根本不知道自己已经上了当。在继父和母亲的精心谋划下，继女和那位霍斯默先生订了婚，这就保证了痴心的姑娘不会再爱上别人，不能真正出嫁。但谎言不能永远持续，继父老是装着去法国出差也相当麻烦。所以他们干脆设计了一个戏剧性的收场，以便给继女留下刻骨铭心的回忆。于是出现了手按《圣经》发誓白头偕老并暗示婚礼当天可能发生意外的鬼把

戏。果然，婚礼那天，这位霍斯默先生耍起了花招，他从马车的前门钻进去，又从后门钻出来，优哉游哉地溜走了。温迪班克先生，我说得没错吧？"

在福尔摩斯讲述的时候，温迪班克先生的情绪稍稍缓和，人也镇定了一些，他**大刺刺**地从椅子上站起来，苍白的脸上露出戏谑的神态："管它呢！可能是真的，也可能是假的。福尔摩斯先生，你确实是聪明过人啊，不过，你要是更聪明一点就好了。自始至终，我没有做过任何犯法的事，警察没有办法抓我。但你就不一样了，你把门锁上了，哈哈，我可以控告你非法拘留和人身攻击。"

"你说得很对，法律治不了你。"福尔摩斯很不情愿地打开了门，"但你真的该打。要是这位年轻姑娘有什么兄弟、朋友，他们一定会用鞭子抽你！无耻的家伙！"

温迪班克先生反唇相讥："真是不好意思，让你失望了。她既没有兄弟，也没有朋友。"

温迪班克先生刻薄的冷笑激怒了福尔摩斯，他气得涨红了脸："那我就来替天行道！我正好有条猎鞭，我要狠狠地抽你！"福尔摩斯快步走去取鞭子。但鞭子还没找到，楼梯上就响起了乒乒乓乓的脚步声。几秒钟后，沉重的大门嘭地响了一声。华生望向窗外，看见温迪班克先生在马路上拼命地狂奔，像是一只夹着尾巴逃跑的狼。

"真是个冷酷的恶棍！"福尔摩斯一屁股坐回扶手椅上，"那家伙总有一天会被送上断头台。"

华生坐到福尔摩斯身边："他这种恶人，一定会自食恶果。福尔摩斯，你怎么知道霍斯默是他假

扮的？"

"嗯……一开始我想到的是：这个霍斯默先生忽然出现又神秘消失，必定是有某种企图的。而唯一能够从这件事中得到好处的人只有这个继父。值得深究的是，两个人从来没有一起出现过，总是当一个人不在时另一个人才出现。这里面一定有大问题。墨镜、轻声细语，还有毛蓬蓬的胡子，都可以伪装，这也给了我提示。他还用打字机来写信签名，于是我推断他一定是害怕玛丽小姐认出他的笔迹。医生你看，所有事实和细节凑在一起，都指向同一个方向。"

"这都是你的猜测，你是怎么证实它的呢？"

"一旦认准了嫌疑人，就很容易证实其罪行。我把那份寻人启事寄给了这个人工作的商行，当然，我已经提前删掉了可能是伪装的部分的信息，像络腮胡子啦，墨镜啦，声音啦。我写信问商行里有没有和寻人启事上所说的相符的人。此外，我还注意到了打字机的特点，所以又写信到温迪班克的办公地点，约他今天见面。果然如我所料，他的回信是用打字机打的。从他的回信中，我看到了和霍斯默的信件上一模一样的打字机的特点。正在这时，邮局也给我送来了商行的回信，信中说，寻人启事上的外貌描述与他们的员工温迪班克完全相符。医生，你瞧，全部的情况就是这样。"

喵尔摩斯奇遇记

　　亲爱的同学们，欢迎来到喵尔摩斯的奇遇探险世界！

　　这个"喵尔摩斯"是怎么回事呢？它其实是喵博士的外号啦。一天，喵博士收到一封神秘的信，指引他去了伦敦的福尔摩斯博物馆。在那里，他竟然见到了100多年前的福尔摩斯，并一心想拜福尔摩斯为师，学当侦探。而在这个过程中，一直有神秘人物、神秘信号出现在喵博士的身边，喵博士是如何运用知识和智慧，一点一点地揭开谜团的呢？让我们一起去看看吧！

① 神秘来信

喵博士是一只猫，但他可不是一般的猫。他会说话，会思考，知识渊博，见多识广。最近他迷上了福尔摩斯，现在最大的梦想就是像福尔摩斯一样，当个大侦探。这不，"喵尔摩斯"就是他给自己取的外号！

一天，喵博士收到一封神秘的信，打开一看，里面有张**福尔摩斯博物馆的门票**，地址是英国伦敦贝克街221B号。信封里还附了一张飞往英国伦敦的机票。贝克街221B号？那不就是福尔摩斯的公寓地址吗？"天哪！我做梦都想到福尔摩斯住的地方去看看呢！"喵博士不敢相信自己的眼睛。他的心怦怦地跳个不停。

有些同学会问了："咦？福尔摩斯不是故事里的人吗，现实生活中真有这个地址吗？"其实啊，英国伦敦的贝克街原先并没有221B号。但后来，福尔摩斯的故事越来越有名，伦敦市索性把贝克街221B号变成了真的地址，还在那儿建了一座福尔摩斯博物馆，博物馆里的布置和故事里描述的一模一样。现在，你们知道喵博士为什么那么激动了吧？

这封信是从伦敦寄来的，没写寄信人。到底是谁那么神秘，给他这么大的惊喜？喵博士绞尽脑汁想了半天，也想不出来会是谁。他决定，不管三七二十一，先去了再说。说不定在那儿能找出神秘的寄信人呢。

几天后，他顺利地来到了伦敦的贝克街221B号。哇，这里真的和书里写的一样！他走过窄窄的楼梯，仿佛能听到福尔摩斯和华生上楼下楼的脚步声。房

间里还摆着福尔摩斯的大烟斗和小提琴。

　　福尔摩斯就是在这里破解一个个案件的呀！喵博士越想越激动。突然，他看到眼前闪过一道白光，接着就失去了知觉。

也不知过了多久，他睁开了眼睛，只见客厅里坐着三个人在打牌。他定睛一看，其中一个看起来好熟悉——瘦高个，叼着一只大烟斗，头上戴着一顶礼帽。天哪！这不会是福尔摩斯吧？再看旁边那位先生，他的帽子有点儿特别，右侧鼓起了一块，那应该是华生！福尔摩斯说过，华生的帽子鼓起来是因为往帽子里塞听诊器了。另一位猜不出是谁，大概是福尔摩斯的客人吧。喵博士惊呆了，不敢相信地自言自语："他们、他们怎么在这儿？"

这时，正在打牌的福尔摩斯看了一眼喵博士，问道："喵博士，你怎么到伦敦来了？你不是应该在中国吗？"

"啊？！尊敬的福尔摩斯先生，你知道我啊？我、我现在叫喵尔摩斯了。"喵博士见到自己的偶像，激动得有点语无伦次，"我、我收到一张这儿的门票，我、我一直想拜你为师，学当大侦探。可我没想到

真的能见到你。"福尔摩斯一边打牌，一边平静地说道："当侦探可没那么容易，先别忙着自称喵尔摩斯，这个名字不是那么好叫的。"

喵博士想了想，也对，自己连一个案子都没破过，怎么好意思叫喵尔摩斯呢？不过，他对福尔摩斯的热情一点儿没减："福尔摩斯先生，我实在是太崇拜你了，你要是能当我的老师就好了。你能不能告诉我，破案到底有什么诀窍啊？"

福尔摩斯没有看喵博士，但还是回答了他的问题："诀窍很简单。你要是懂得'**找不同**'，就离当侦探不远了。"

喵博士惊奇地问道："找不同？"福尔摩斯提示他："比如，从普通的事情里找出不普通的地方。相比于普通人，罪犯的行为总会有不同之处。如果一个人善于找不同，他就应该是个当侦探的料。"

听了这话，喵博士不由得回想起福尔摩斯平时

观察事物的样子。

同学们，你们还记得前面的《波西米亚王室传闻》吗？福尔摩斯那么久没见到华生，但只看了华生几眼，就知道华生的近况了。比如他知道华生又开始行医了，还知道他家里请了个不怎么样的女仆。

喵博士琢磨着福尔摩斯和华生见面时说的话，突然有点儿明白了——福尔摩斯不就是通过"找不同"来发现线索的吗？

"福尔摩斯先生，我有点儿明白了！比如说，华生先生的帽子就和普通人的不一样。他帽子的右侧鼓起了一块，看着就像是平时老往里面塞什么东西，那应该就是听诊器。所以，你判断出他又开始行医了，对吗？"

福尔摩斯微微一笑，反问道："你看到任何人的帽子鼓起一块，都会说他当医生吗？"

"哦！"喵博士才发现自己想得太简单了，"还

要找找看有没有别的不同。比如华生先生身上的味道也和一般人身上的不同，有碘酒味，手指上还有医生手上常见的黑色斑点。再加上华生先生以前就是医生。把这些联系在一起，就可以判断出华生先生又开始行医了！福尔摩斯先生，你就是这样判断出来的吧？"

福尔摩斯的嘴角露出了一丝不易觉察的微笑。喵博士备受鼓舞，继续分析华生身上其他的不同之处："福尔摩斯先生，我还想起了华生先生身上其他的不同之处。他的鞋子上就有与众不同的线索，透露了他近期的很多信息。"这时候，在一旁的华生忍不住抱怨道："你们怎么把我当成试验品了！"

福尔摩斯哈哈大笑道："谁让你出门的时候**把所有秘密都写在身上了**？"

一起打牌的那位客人好奇地问道："华生的鞋子上有什么秘密？"福尔摩斯又笑了起来，他转头对喵博士说："华生鞋子上的秘密，我已经说过了，你能说点我没说过的吗？"

喵博士跳到华生脚边，指着划痕说："福尔摩斯先生，你只说这划痕是女仆弄上去的，但没细说你是怎么看出来的。我仔细观察过了，这些划痕和走路时蹭出来的划痕不一样。如果是走路时两只脚后跟互相蹭来蹭去，划痕一般是一片一片的；如果是马路上有什么硬物刮到了鞋子，那一般不会两只鞋都有，也不会有很多道类似的划痕；还有第三种情况，如果是走山路或过草地时被荆棘杂草划到了，那么划痕肯定很不规则，横的竖的、长的短的、深的浅的都有。但是，华生先生鞋子上的划痕却跟这三种情况都不一样。它们一道一道的，很清晰，而且有好几道还是平行的。这说明什么呢？说明划出划痕的力道差不多，而且是往同一个方向用力的。什么情况下会有这样的划痕？我实在想不出其他情

况了，只能是女仆用刮泥板刮鞋底时留下的。"

华生惊讶地看着喵博士说："哇，你叫喵博士吗？你的观察和推理能力还真是不错！划痕的事儿，我可没你想得这么清楚。"

喵博士害羞地说："是福尔摩斯先生刚才说的'找不同'太管用了！我一用这个方法，就能发现很多线索！"

接着，喵博士用热切的目光看着福尔摩斯说："福尔摩斯先生，那你现在看看，我适合当侦探吗？我能拜你为师吗？"

福尔摩斯会答应喵博士的请求吗？喵博士能不能实现自己的愿望呢？

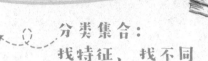
1. 根据故事中的线索，你能找出华生戴的帽子吗？

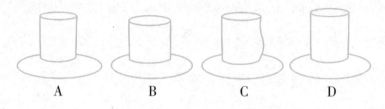

A　　　　B　　　　C　　　　D

2. 根据故事中的线索，你能找出华生穿的鞋子吗？

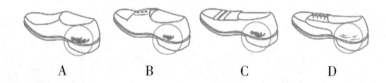

A　　　　B　　　　C　　　　D

小提示

1. 华生会往帽子里塞听诊器，他的帽子肯定很特别。

2. 故事中提到华生鞋子上的划痕是一道一道的，很清晰，而且，有好几道还是平行的。到底是哪一只呢？

答案：

1. 答案是C，这顶帽子的右侧鼓起了一块。

2. 答案是D，这只鞋和其他三只很明显的差别就在于它上面有好几道平行的划痕。

2
福尔摩斯的考验

听到喵博士的请求，福尔摩斯并不急着作答，而是说："你先学会找不同再说吧。**找不同，不光是用眼睛找，还要用耳朵找。**就算是同一句话，如果是在不同时间、不同场合说的，那也能提供完全不同的线索。"

喵博士信心满满地回答道："这和用眼睛找不同差别不大，我肯定能做到！"

福尔摩斯嘴角微微一扬，说："真的吗？"

这时候，一起打牌的那位客人大声嚷着："发牌啦！发牌啦！"福尔摩斯指了指客人手里的牌，对喵博士说："给你一个小小的考验。"喵博士一听，立刻坐直了身子，盯着福尔摩斯。福尔摩斯说："这位客人手里一共有5张牌，A、2、3、4、5，其中A最小，5最大。你仔细观察，一会儿我有问题要问你。"

喵博士紧张地盯着他们三个，心里默念："一定要好好表现，绝对不能掉链子！"只见客人从5张牌里给福尔摩斯和华生每人发了一张，然后问福尔摩斯："现在你和华生来猜大小吧。你的牌大，还是华生的牌大？"福尔摩斯回答："不知道。"接着，客人又问华生："你的牌大还是福尔摩斯的牌大？"华生想了想，也回答："不知道。"这时，福尔摩斯转头问喵博士："你告诉我，华生手里的牌是多少？"

"啊？"喵博士惊讶得下巴都快掉到地上了，"什么？你们只说了两个'不知道'，现在却让我猜华生手里的牌？这怎么可能？我又不是神猫。"福尔摩斯哼了一声说："多用点脑子！"喵博士冷静下来，

飞速运转起他的脑子。可是这线索太少了，他想了半天也不知道从何下手。

突然，他想起刚才福尔摩斯说过的话："找不同，不光是用眼睛找，还要用耳朵找。"

喵博士闭上眼睛，冥思苦想。过了好一会儿，他把眼睛猛地一睁，激动地问了一句："请问，福尔摩斯先生和华生先生，你们刚才说的都是真话吗？"他们俩同时回答道："是真话。"喵博士喊道："那我知道了！华生先生手里的牌是3！"

华生大吃一惊："啊？你怎么知道我手里的是3？"福尔摩斯的眼睛里闪过一丝笑意："说说看，你是怎么判断出来的？"

见答对了问题，喵博士自信满满，激动地给大家讲了一遍他的推理过程。同学们，这里给你们留一点思考的空间，你们可以先自己想一想，喵博士是怎么进行推理的，答案就在后面的"喵博士思维训练"处揭晓哟！

　　听了喵博士的分析，福尔摩斯、华生和客人都情不自禁地鼓起掌来！华生连连称赞道："真棒啊，喵博士，有点儿像福尔摩斯了。"福尔摩斯也走过

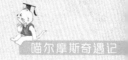

来拍了拍喵博士的肩膀说："不错，喵博士。你通过了我的第一个考验。不过，考验还没结束，我们还会再见面的。"话音刚落，福尔摩斯他们三个突然都消失不见了。

"福尔摩斯先生，你去哪儿了？我下次怎么才能见到你？"喵博士大喊着。他揉了揉眼睛，只见四下还是空无一人。他有点儿迷糊了："刚才我不会是在做梦吧？不可能，梦境不可能这么真实，每个细节我都记得呢！"喵博士脑子里像搅了糨糊一样，乱糟糟的，根本不明白到底发生了什么。

同学们，你们也想和喵博士一样当侦探吗？只要认真读完这套书，你们也可以拥有当侦探的脑袋哟！接下来，请你们猜猜看，喵博士什么时候才能再见到福尔摩斯呢？他到底是不是在做梦呢？

逻辑推理：
递推法、反证法

有A、2、3、4、5五张牌，A最小，5最大。

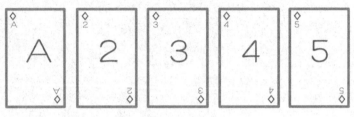

福尔摩斯和华生一人手里有一张牌。

发牌人问福尔摩斯："你的牌大，还是华生的牌大？"

福尔摩斯回答："不知道。"

发牌人又问华生："你的牌大，还是福尔摩斯的牌大？"

华生回答："不知道。"

请问，华生手里的牌是多少？

小提示

这里要用到递推法哟，就是把问题像剥洋葱一样，一层层地剥开；这里还用到了反证法，如果一时找不出正确答案，可以试试去找找可能的错误答案，如果你能证明这些答案都是错的，那么，最后剩下的那个答案就是正确答案啦！

答案：

五张牌分别是A、2、3、4、5。福尔摩斯说他不知道他的牌是大还是小，因此他的牌既不是最小的 A，也不是最大的 5。而华生的答案也是"不知道"。同样的道理，华生的牌肯定不是最小的 A，也不是最大的 5。这样他们二人手里的牌，都只能是 2、3、4 中的。这是第一层分析。

　　接下来要注意，华生是先听了福尔摩斯的答案才回答的。而他已经从福尔摩斯那里听出来，福尔摩斯的牌只能是 2、3、4 里面的一张。如果这时候华生手里的牌是 2，那不就是 2、3、4 里面最小的吗？那华生得回答自己的牌更小啊！如果华生拿到的牌是 4，那就是 2、3、4 里面最大的，他得回答他的牌更大嘛！可华生回答的是"不知道"，这就很清楚了——华生手里的牌，既不是 2，也不是 4，那就只能是 3 了。

3

卡片上的线索

福尔摩斯出了一道难题考验喵博士，后来又神秘地消失了。喵博士脑子里晕乎乎的，完全不明白发生了什么，感觉像是做梦，又不像做梦。夜深了，他在博物馆里找到一个适合睡觉的地方，睡着了。这是他在博物馆度过的第一个夜晚。

第二天一早，喵博士从睡梦中醒来。他睁开眼睛，伸了个懒腰："又是美好的一天！"他往楼下一看，哇！博物馆门外排了好长好长的队伍，大家都等着进来参观呢！

今天，喵博士打算再认认真真地逛一遍福尔摩斯博物馆。他用圆溜溜的眼睛观察着周围的环境。

咦，楼上好像还有一层，昨天没注意到呢！喵博士三两下就爬上了楼梯，抬头一看，哇，福尔摩斯和华生正一动不动地站在屋子中央。喵博士吓了一跳，差点从楼梯上摔下去。他又定睛一看，哎呀！原来是**蜡像**呀。

看到福尔摩斯的蜡像，喵博士不由得有点儿失落。福尔摩斯说他们还会再见面，可那是什么时候呢？他窝在蜡像边上发呆。突然，他看到蜡像脚边有一张卡片，捡起来一看，卡片上写着一行字："别忘了你的事。"

"别忘了你的事……"喵博士举着卡片，嘴里反复念着，"这是什么意思？是对我说的话吗？啊！我好像忘了一件事！我不是想找到给我寄信的神秘人吗？"喵博士心里一惊，"写这张卡片的人，就是寄信人吧？不然，他怎么会知道我在这儿？他怎么会知道我想找寄信人？"喵博士心头的疑团越来越大。这个神秘人到底是谁？他到底想干什么？

喵博士把卡片翻过来，想看看背面有没有什么线索。果然有收获！卡片背面写着一串字符：L31A。嗯？这是个密码吗？喵博士把卡片翻来覆去地看，但再也找不到其他线索了。

喵博士决定出去找找看。他一溜烟下了楼，沿着街道边走边四处张望，想看看能不能找到线索。他过了两条马路后，看到一个名字以 L 开头的街区；再看看门牌，有个 21B。会不会卡片上的 L31A，就是指 L 街区再加上门牌号？喵博士又往左看了看隔壁的门牌，是 21A。一般 A 排在 B 前面，就像 1 排在 2 前面一样，如果往 21A 的这个方向走，数字应该会越来越小吧。喵博士果断地往右走了两步，再一看，是 22A 和 22B。果然，右边门牌上的数字更大。可是再走下去，就到了 24A 和 24B，怎么没有 23？继续往右走，又变成了 27A 和 27B。再往右走，啊？

怎么没挂门牌？这、这怎么找啊？

不过，喵博士并没有就这么放弃。刚才的这些门牌号里，有没有什么线索呢？21往右是22，然后是24，再然后是27，这里面有什么规律吗？

啊！发现了！从第1个门牌21开始算起，它和22之间只差了1，而22却和右边隔壁的24差了2。再接下来，24和右边隔壁的27之间又差了3。那么第4个门牌27和它右边的隔壁，会不会差的是4呢？27加上4，正好是31。想到这儿，喵博士突然有点儿激动。为了验证自己的想法，他继续往右走，想看看再后面的门牌上的数字是不是36。如果他刚才的判断是对的，那么31的隔壁就应该是31加上5，也就是36。果然是36！这说明，刚才那栋没挂门牌的，就是31！喵博士内心一阵狂喜。编这些门牌号的人，一定是个数学爱好者！

L31A是一家珠宝店。喵博士走进去，绕着店转了一圈，想看看这儿有没有什么特别之处。写那张卡片的人让自己来这儿，有什么目的呢？

这会儿店里没什么人，老板正埋头数珍珠。好家伙，一大堆珍珠呢，一颗一颗地数，得数到什么时候啊！老板边数边擦汗，喃喃自语道："怎么又不对？每次数的都不一样！"喵博士好奇地凑上去看。这些珍珠还真大啊，每颗个头一样大，闪闪发亮的，太漂亮了。老板看了喵博士一眼，大概觉得他不像来买珠宝的吧，就没搭理他，继续数珍珠。

突然，老板好像想到了什么，说："嘿，你叫喵博士吗？"喵博士惊讶地问道："你怎么知道？"老板回答道："今天我打开店门，就看到店里的地板上有封信，我打开一看，信上说如果今天有一只叫喵博士的猫帮了我，就把这封信给他。我还以为谁搞恶作剧呢。"喵博士一听，差点跳了起来："什么样的信？快给我看看！"老板回答道："信里说，

你一定得帮了我的忙，我才能把信给你，不然，我就会遇到危险。我也不知道这是怎么回事。"喵博士一听这话，就更惊奇了：这个一直给自己留下神秘线索的人到底是谁？如果不按他说的做，还会有危险？他到底是好人还是坏人？

　　喵博士想快点揭晓答案，于是问老板："那你随便让我帮你做点什么吧，比如让我帮你扫扫地？"老板摆摆手说："那不能算数啊，我刚刚才扫过地。"喵博士看着老板面前的珍珠，又说："那我帮你数珍珠吧！"没想到，老板却不领情："那就算了，我也不知道你数得对不对，到时我还得再数一遍。"

　　喵博士没有放弃，他想拿到神秘信件的念头越来越强烈了。突然，他看到柜台上放着一个细细长长的空瓶子。这么细长的瓶子还真少见呢！他脑子里突然闪过一个念头，问老板："我能不能丢几颗珍珠到这瓶子里看看？"老板纳闷地问道："做这个干什么？""你就让我试试吧！反正就在你眼皮底下，我也偷不走这珍珠。"

老板不知道他葫芦里卖的是什么药，勉强同意了。喵博士把珍珠往瓶子里一丢，嘿，这瓶子的直径跟珍珠的差不多大，装珍珠还真合适，正好一颗叠在另一颗上面。喵博士咧嘴一笑："老板，我能帮你快速数清楚珍珠了！把珍珠装到这瓶子里去吧，直到装满为止。"

老板皱着眉头看着瓶子，不过最终还是同意试一试。他把珍珠装进瓶子里，一直到装满为止。那些珍珠，一颗叠在另一颗上面，整整齐齐的。"老板，把这些珍珠倒出来，再数数看。"喵博士说。老板很快就数清楚了，这一瓶珍珠是15颗。

喵博士让老板把数过的珍珠放到一边，又从没数过的那边取来一把珍珠，装满了瓶子。喵博士自信地对老板说："现在瓶子里也是15颗珍珠。你直

接倒到数过的那边吧。只要把瓶子装满，就是 15 颗
珍珠，这样比你一颗一颗地数容易多啦，还不容易
出错。"

　　老板恍然大悟，一下子对喵博士刮目相看。他
连续这样装了 6 遍珍珠，最后只剩零星的 5 颗。把
15 连续加 6 次，或者直接用 15 乘以 6，再加上最后

的那5颗，就是95颗。

老板对喵博士连连称赞："真没看出来，你这么聪明！这个办法真好用。以后我如果要数其他东西，也可以学学你的办法。"

喵博士笑着说："其实，除了用瓶子，还有很多其他的办法可以用呢。测量的时候如果借助一些**辅助工具或参照物**，就能把复杂的问题变得简单很多。在生活中，这种借助参照物的做法还是很常见的，比如说，你想知道店里那个空着的角落有多大，但是又没有尺子量，怎么办？那就数数那儿的地面上有几块瓷砖！只要知道每块瓷砖是多大，不就一下子算出来了嘛！"

老板一边点头，一边乐呵呵地去找那封神秘信件，打算交给喵博士。就在这时，一个奇怪的顾客进店了。

顺序概念：
根据顺序找规律、
借助参照物

1. 如果看到这两组门牌号的排列：左边是21A，右边是21B，按常理，31A应该在21B的左边还是右边？

　　A．左边　　　　　　　　B．右边

2. 喵博士看到的门牌号是这么排列的：21A、21B、22A、22B、24A、24B、27A、27B……那么接下来的门牌号最有可能是什么？

　　A．28A　　B．28B　　　C．30A　　　D．31A

3. 如果要数一大堆大小一样的珍珠，除了像喵博士那样把珍珠装在刚好合适的小瓶子里，你还能想到什么好办法？

小提示

　　1. 仔细观察数字、字母的顺序关系，你就能轻易找到答案啦！

　　2. 21往右是22，然后是24，再然后是27，你看出这里面有什么规律了吗？

　　3. 喵博士用小瓶子这个参照物轻松地数完了珍珠，生活中还有什么物品可以当参照物吗？

答案：

　　1. 一般A排在B前面，就像1排在2前面一样，如果往21A的左边走，数字应该会越来越小。所以31A应该在21B的右边，选择 B。

2. 从第 1 个门牌号 21 开始算起，它和 22 之间只差了 1。而 22 和隔壁的 24 差了 2，24 和隔壁的 27 之间又差了 3。按照这个规律，27 和它的隔壁就应该差 4 啦！27+4=31。再按照 A 和 B 出现的规律，答案就是 D。

3. 除了小瓶子，是不是还可以用小盒子呢？方法是一样的。不过喵博士听说有的同学想出了独特的方法，那就是把珍珠放在钢琴的黑键旁边，每个黑键左边放一颗，依次摆满。钢琴一共有 36 个黑键，摆满一次就是 36 颗珍珠，你只需要记好一共摆满了多少次，将这个次数乘以 36。如果最后一次没摆满，那就把剩余的珍珠数和刚才的乘积相加，就能得出珍珠的总数了。我们在测量的时候如果借助一些辅助工具或参照物，就可以把复杂的问题变得简单很多。

4
怪异的黑衣人

老板正要去拿自己收到的神秘信件给喵博士，突然，珠宝店的门被推开了，一个奇怪的客人走了进来。他身形高大，头上戴着黑色礼帽，帽檐压得低低的，两只手都戴着手套，脸也被大墨镜给遮住了。他压低声音对老板说："你这里有上好的钻石吗？"

喵博士觉得这人有点儿异常，就拽了拽老板的袖子。但老板也许是因为见过的世面多，并没有把客人怪异的打扮当一回事，还是很热情地回应着黑衣人："有的有的，我们这前两天刚来了一批上好的钻石。"说着，老板从柜台里拿出一颗闪闪发亮的钻石，放在黑衣人面前，"你看看这颗，成色多好啊！"黑衣人拿起钻石仔细观察，又举起来对着光仔细看了半天，才问道："这钻石怎么卖？"

"嘿嘿，这是上等货，一颗要这个数。"老板一边说着，一边伸手比了个"5"。黑衣人问："5000英镑？"老板连连摇头，神秘地说："是50000英镑。这是这一带最好的钻石。如果你真有诚意要，我就按八折给你。"同学们，英国人用的钱是英镑哟！

黑衣人说："还不错，你还有别的吗？"老板又小心翼翼地拿出了其他3颗钻石："这几颗都是同一个等级的，你挑挑看吧。"黑衣人仔细地看了一会儿，然后说："这4颗钻石我全要了。""什、什么？！"老板惊呆了，不敢相信自己的耳朵。黑衣人重复了一遍："我全要了！""哦，哦，好、好的好的。"老板激动得语无伦次。

黑衣人又指着柜台里的一颗红宝石说："这颗宝石看起来不错，不然，把这颗宝石当作赠品送给

我吧？"老板看了一眼红宝石，在心里默默地算了起来："我一颗钻石的成本价是 30000 英镑，卖了 4 颗给他，就算打八折也是笔大买卖。这颗红宝石本来是卖 5000 英镑的，成本价是 3000 英镑。就算送给他，我还赚了很多钱呢。"老板这么一想，就爽快地答应了黑衣人。

同学们，你们能算出来，老板这样能赚多少钱吗？

老板把钻石和红宝石都小心包好了，交给黑衣

人。黑衣人从口袋里掏出了一沓钱，老板谨慎地把钱放进验钞机，嘿，没问题，都是真钱，老板笑得合不拢嘴。黑衣人拿好钻石和红宝石，就迅速离开了。老板哈哈大笑："喵博士，你可真是个福星啊！你一来，就给我带来一笔这么大的生意！"

这时候，珠宝店墙上挂着的电视里播出了一则重大新闻："广大市民请注意，近日我市出现了一批超级假钞，仿造技术十分高超，用一般验钞机无法检验出来。如果您收到的钱币上的编号在以下范围内，请立即联系警方，这些可能是假钞！"播音员往下念着假钞的编号范围。老板一把拿起刚才收到的那沓钞票，认真听着新闻里念的数字，对照着钞票上的编号。喵博士凑过去看了看，天哪！钞票上的编号跟电视上说的正好吻合！老板腿一软，几乎瘫了下去。

他突然想起什么，一边跌跌撞撞地往外冲，一边用颤抖的声音喊着："来、来人啊，有人用假、假钞

啦！"喵博士跟着他一起冲了出去。但街上人来人往的，黑衣人早就不见了踪影。回到珠宝店，老板忍不住号啕大哭起来，一边哭一边喊着："我、我辛辛苦苦一年赚的钱，还、还不够赔这 4 颗钻石啊！"喵博士看老板这么难过，也非常内疚。刚才老板还说他是福星，可没想到，他一来就给老板带来了这么坏的运气。他提醒老板，是不是应该先报警，老板这才想起来，带着哭腔打了报警电话。

不一会儿，一个穿着警服的人推开珠宝店的大门，自我介绍说："我是大卫警长，刚才这里有人报警，说自己可能收到了假钞。"老板虚弱地站起来，拿出那沓钱给警长看："警长，快帮我看看，这些是假钞吗？"警长仔细翻了翻那沓钱，遗憾地告诉老板："确实是假钞。哦，等下，我看到其中有 2000 英镑是真的。"接着，警长仔细询问了黑衣人买钻石的经过，临走时拍了拍老板的肩膀，说："你放心吧，我们一定会帮你抓到他的。对了，你先清点下损失金额是多少，我们要上报。"

珠宝店老板叹了口气，在椅子上瘫坐了一会儿，才勉强打起精神来算自己的损失。"4 颗钻石，每颗售价 50000 英镑，打了八折每颗就是 40000 英镑。对了，还送了他一颗红宝石，这个坏蛋！我收到的钱里面，还有 2000 真的英镑。这太复杂了，怎么算啊？"老板一边算着，一边觉得又心痛又头晕。

喵博士想了想，说："咱们不用想得那么复杂。简单点说，这个损失，其实就是你做这笔生意亏了多少钱。算算你花了多少钱，又收了多少钱，这么一算就清楚了。"

同学们，你们能算出来老板到底亏了多少钱吗？

老板算好账以后，突然想到了什么，起身去拿了一封信过来："喵博士，这就是我早上收到的信。也不知道是不是这封倒霉的信，带来了这么倒霉的运气！"

喵博士连忙接过信一看，喃喃自语道："信封和我之前收到的一模一样。这么说，寄信的是同一个神秘人。"老板在一旁问道："什么神秘人啊？不过，这种信封在伦敦很常见的。"喵博士若有所思地点点头，他从信封里掏出一张卡片，上面写着："把这封信交给帮了你忙的喵博士。如果不照做，你会有危险。"喵博士越来越疑惑了。这个神秘人到底是谁，他想干什么？他把卡片翻过来，看到背面底下有一行小字："去找*伦敦城里消息最灵通的人*。"

正在这时，珠宝店的大门外突然一阵喧哗，大卫警长推开门走了进来，身后还跟着几名警察，每名警察都押着一个穿黑衣服的人，看上去和之前的黑衣人打扮非常像。一、二、三、四，一共有四个黑衣人！喵博士一下子从座位上跳了起来，老板有点儿不知所措，说话都有些结巴了："这这这……这是怎么回事，大卫警长？"

难道是抓到嫌疑人了吗？

数学美感：
用最简思路破解问题

1. 老板卖 4 颗钻石给黑衣人，每颗钻石原价 50000 英镑，打八折后每颗 40000 英镑。钻石的成本价是每颗 30000 英镑。最后老板又送了一颗红宝石给黑衣人，原价 5000 英镑，成本价是 3000 英镑。请问，这种情况下，老板能赚多少钱？

A. 37000 英镑   B. 36000 英镑

C. 35000 英镑   D. 40000 英镑

2. 在故事中，老板损失了多少钱？

小提示

1. 对比老板付出去的钱和收回来的钱，就能知道答案了。

2. 同样对比老板付出去的钱和实际收回来的钱，就能知道答案了。

答案：

1. 老板付出去的钱：4 颗钻石的成本价是 120000 英镑（30000×4=120000），一颗红宝石的成本价是 3000 英镑，老板一共付出去 123000 英镑（120000+3000=123000）。

老板预计能收到的钱：4 颗钻石每颗卖 40000 英镑，合起来是 160000 英镑（40000×4=160000）。

老板预计能赚到的钱是 37000 英镑（160000−123000=37000）。

2.老板付出去的钱：4 颗钻石的成本价是 120000 英镑，一颗红宝石的成本价是 3000 英镑。老板一共付出去 123000 英镑。

老板实际收到的钱：2000 英镑。

老板亏损的钱是 121000 英镑（123000−2000=121000）。

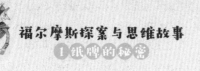
5

谁在说谎

　　警长捂着自己的额头，头疼地解释道："我们的人按照你们的描述，在离珠宝店最近的几条街上搜寻，结果抓回了四个穿同样衣服的家伙，口供也乱七八糟的。你们是当事人，快看看能不能认出谁是刚才来你们店里骗珠宝的人。"

　　老板恨不得立刻冲上去把罪犯狠狠地揍一顿，但罪犯到底是谁呢？他对着四个黑衣人仔细辨认了半天，竟然完全分辨不出刚才进店买钻石的人是谁。只怪他刚才太激动了，没留意这些细节。警长又让四位嫌疑人开口说话，想看看老板能不能分辨出他们的声音，但还是失败了。刚才那个客人来店里的时候，故意压低了声音，所以现在根本听不出来。

　　大卫警长无可奈何地说："好吧，那我就给你们复述一遍口供，你们仔细听听看，有没有什么线索。咳咳，为了方便，我把这四个人编了号。1号说，他只是路过这条街去买午餐的，什么都不知道；2号说，他也只是恰巧路过，但他能肯定罪犯是4号，因为他看见4号从珠宝店里出来；可是3号又说，2号才是罪犯，他看见2号从珠宝店里出来，而且举止异常；至于4号，他说他只是在外面散步，莫名

其妙就被抓了起来。对了，种种迹象表明，这四个人互相不认识，应该不是同伙。"

大卫警长一口气说完，嗓子都干得冒烟了，他向珠宝店老板要了一杯水，边喝边抱怨道："这些口供完全把我弄糊涂了，你们看看，有没有办法判断出谁是罪犯？"

老板苦笑着说："连您都糊涂了，我听着也晕头转向的，这可怎么办呀！"突然，老板想起了什么，用求助的目光看着喵博士，"你有没有什么好办法？"

喵博士刚刚一声不吭，就是在思考，这么多证词，首先要找到一个突破点才行。突破点是什么呢？喵博士想啊想，突然眼睛一亮，大叫道："我明白了！"

"你明白什么了？"老板和大卫警长齐刷刷地看向喵博士。喵博士伸出一根手指："这里面只有一个人在撒谎！刚才大卫警长也说了，种种迹象表明，这四个黑衣人互相不认识，不是同伙。那么，案子的关键就在于，四个人里面，只有一个是真正的罪犯，只有他才需要撒谎，另外三个人根本没必要撒谎。"

大卫警长若有所思地点点头："你说得对，可是这又有什么用呢？"

"用处大着呢！"喵博士接着说，"既然只有一个人是罪犯，也只有一个人在撒谎，那么，我们来做几种假设，看看会有什么有趣的结果。我相信很快就会水落石出了。"说完，他就开始了思索。突然，他大喊一声："我知道是谁了！"

喵博士快步走到2号嫌疑人面前，用手指着他说："说谎的人就是你，你才是真正的罪犯！"接着，他就把整个推理过程详细地描述了一番。2号嫌疑人的脸色变得越来越苍白。同学们，你们知道喵博士为什么这么确定2号黑衣人就是真正的罪犯吗？请你们先试着自己解开这个谜团吧！

听完喵博士的分析，大卫警长恍然大悟，赞许地拍了拍喵博士的肩膀，说："真是多亏了你啊！"于是吩咐其他警员把2号嫌疑人铐起来。然而，令他们没有想到的是，2号嫌疑人猛地挣扎了一下，想要逃跑。警员一把抓住他的外套，结果，他以迅雷不及掩耳的速度脱下了外套，然后像箭一样逃出了珠宝店。等大家追出去，他早已消失不见了。他的速度绝对不是常人可以达到的，快得简直就像一道闪电，珠宝店里里外外的人，全都看得目瞪口呆。

老板和警长懊恼得恨不得去撞墙。这时，一名警员喊了一声："口袋里有钻石！"老板一个箭步冲了上去。果然，黑衣人留下来的外套里有4颗钻石，还有1颗红宝石。老板一看，正是刚才被黑衣人骗走的珠宝。丢失的珠宝回来了，老板喜极而泣。大卫警长和喵博士却陷入了沉思。以这个黑衣人的身手，他一开始如果想跑，根本就不可能被抓回来。

他是故意被抓的？而且他也没把钻石和宝石带走，难道，他的本意不是来骗珠宝？

这一切太奇怪了。喵博士联想到自己最早收到的神秘信件，以及来伦敦后一次又一次收到的提示线索，而今天，又在线索提到的珠宝店里，遇到了这么离奇的案件。这些事之间有什么联系吗？难道都跟自己有关吗？

喵博士想起珠宝店老板给他的信，那封信让他去找伦敦城里消息最灵通的人。看来，只能先去会一会这位消息灵通的人士了。

逻辑推理：
线索不充足时管用的
假设法

1号嫌疑人说，他只是路过这条街去买午餐的，什么都不知道。

2号说，他也只是恰巧路过，但他能肯定罪犯是4号，因为他看见4号从珠宝店里出来。

3号说，2号才是罪犯，因为他看见2号从珠宝店里出来，而且举止异常。

4号说，他只是在外面散步，莫名其妙就被抓了起来。

这四个人互相不认识，不是同伙，只有一个人是罪犯。那么，谁是用假钞骗走珠宝的真正罪犯？

A. 1号嫌疑人   B. 2号嫌疑人

C. 3号嫌疑人   C. 4号嫌疑人

小提示

这个案子里，只有一个罪犯，只有他才会撒谎。这里我们要用到数学解题中常用的假设法，对可能的选项逐一进行假设验证。我们假设其中一个人是罪犯，但如果推导出了也有其他人是罪犯，那这个假设就不成立，这个人就可以排除。

答案：

既然只有一个人是罪犯，也只有一个人在撒谎，那么首先假设 1 号是罪犯，他说了谎，也就是说，其他三个人说的都是真话，但 2 号说 4 号是罪犯，3 号又说 2 号是罪犯。就说明这个假设不成立！所以，1 号是无辜的。

接下来假设 2 号是罪犯，他指控 4 号是罪犯，这恰好说明 4 号是无辜的。1 号和 4 号都说自己什么也不知道，而 3 号说 2 号是罪犯。因此推导出来的结果正好指向 2 号是罪犯。

再假设 3 号是罪犯，如果其他人说的都是真话，那么其中 2 号说 4 号是罪犯也是真的了。这样一来，又出现了两个罪犯。这种假设也不成立。

最后，再看看 4 号。他说自己什么都不知道。同样，假设 4 号是罪犯，就意味着其他人说的都是真话，但 3 号却说 2 号是罪犯。你看，又出现了两个罪犯。这个假设也是不成立的。所以，4 号是无辜的。

因此，2 号就是那个罪犯。

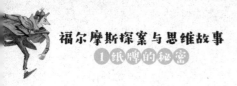
6
消息最灵通的人

"老板，你知道谁是城里消息最灵通的人吗？"喵博士问道。

珠宝店老板已经从刚才的大起大落中回过点神来了。他很感谢喵博士指出了罪犯是谁，找回了钻石。现在，喵博士有问题，他当然要好好回答："伦敦城里，要说消息最灵通的人，应该要数大名鼎鼎的百晓通了。他之所以叫百晓通，就是因为他清楚地知晓各种小道消息和**奇闻逸事**。也不知道他从哪里得来的消息。很多人都说，他是不是有千里眼和顺风耳。"

"咦，还有这种人？那我一定要去会会他。"

喵博士看事情有点儿眉目了，顿时来了精神。

"他经常去市中心的1号酒吧喝酒，那儿人多、热闹，消息也广，他有时候一整天都泡在那个酒吧里。不过……"珠宝店老板皱着眉头，为难地说，"依我看，喵博士，你还是别去找他了，想想其他办法吧。他那人脾气古怪，从不肯轻易帮助别人。去找他问问题的人，一般都会被他捉弄一番。"

"听你这么一说，我就更想见了。"喵博士摇了摇脑袋说，"我喵博士向来是**明知山有虎，偏向虎山行**。遇到困难就放弃，那就不是我喵博士了。"

"行，你去吧，百晓通一般坐在1号酒吧二楼靠窗的位置，个子不高，留个小胡子。你去见他的时候要多动脑子，百晓通喜欢和聪明人打交道。"珠宝店老板担心地嘱咐道。

喵博士谢过老板，径直去了市中心的1号酒吧。按照珠宝店老板的指示，他噔噔噔地跑上二楼，果然看见靠窗的位置坐着一个人。那人十分瘦小，留着八字胡，正歪坐在座位上惬意地喝酒呢。

喵博士走上前去，很有礼貌地问道："请问你是百晓通吗？"听到喵博士的问话，周围的客人窃窃私语起来："又有人要被百晓通捉弄了。"

百晓通斜着眼瞧了瞧喵博士，轻蔑地说："你找我什么事？"

喵博士连忙自我介绍："我叫喵博士，我遇到了一系列神秘的事。有封信让我来找你。"

"喵博士啊！"百晓通

眼睛里闪过一丝奇怪的笑意，"我大概知道你找我干什么了。不过，你应该知道，我不会轻易帮助别人。这样吧，你帮我一个小忙，我也帮你一个小忙。"

"行啊，这很公平。"喵博士竖起耳朵认真听。

百晓通冷笑了两声，弯腰拿出一大一小两个酒壶，说："喵博士，我的要求简单得很。你给我往酒壶里装 400 毫升的酒就好了。我吧，今天就想带这么多酒回家喝，多了我嫌多，少了我嫌少。"

同学们，毫升是一种单位，我们平时喝的瓶装矿泉水，一般是 500 毫升。你估算看看，400 毫升大概是多少呢？

喵博士问道："你这酒壶能装多少酒？"百晓通懒洋洋地回答："大的能装 500 毫升，小的能装 300 毫升。"

喵博士看到百晓通的旁边有一大桶酒，继续问："这都是你的酒吧？我就从这儿往酒壶里倒？""没错，这些酒都是我的！你倒吧。"

喵博士研究了一下那个酒桶，上面什么刻度、数字都没有。这个百晓通，明明有 500 毫升和 300 毫升的酒壶，非要他装 400 毫升的，不是故意刁难他吗！

旁边有人吹起了口哨，大家知道百晓通要捉弄喵博士呢，都津津有味地看热闹。

百晓通的八字胡都快翘到天上去了，他幸灾乐祸地说道："喵博士，你要是做不到，就赶紧走，别耽误我喝酒。哈哈，又是一个大笨蛋，居然还想拜福尔摩斯为师。"

喵博士吃了一惊：他连这个都知道？看来还真的是神通广大。他静下心来，决心一定要把这个难题解决掉。"有了！"喵博士猛地跳起来，吓了百晓通一大跳。

喵博士一边拿着大酒壶去装酒，一边说："百

晓通，你这个难题虽然看起来很刁钻，但我有绝招，你难不倒我。"百晓通往椅背上一靠，笑道："绝招？你倒是说说看，你有什么绝招？"喵博士没直接回答，只说："反正我能倒出你要的400毫升酒。你准备好看吧！"

只见喵博士把大壶的酒和小壶的酒倒来倒去，有一次，还手一扬，把小壶的酒给倒掉了。"哎哟喂！我的酒呀！"百晓通来不及阻止，气得捶胸顿足。

没多久，喵博士举着手里的大酒壶对百晓通说："给，这就是你要的400毫升酒！"

"妙啊！妙啊！喵博士，有两下子嘛！"百晓通笑嘻嘻地鼓起掌来。

同学们，你们知道喵博士是怎么倒出这400毫升酒的吗？他用了什么绝招呢？其实啊，如果你把两个酒壶简化成数字5和3，把倒酒这个动作想象成加减法，难题就会变得简单多啦！不过，用5和

3来加减，怎样才能凑出4呢？你们先自己想想看吧。

百晓通坐直了身体，对喵博士说："你是个聪明人，我喜欢。那我就给你指个方向吧。你要找的神秘寄信人是一个**相当了解福尔摩斯的人**。"

"那不就是华生吗？"喵博士脱口而出。

"没那么简单，你回去再好好想想。快走吧，别打扰我休息。"百晓通说完，闭上眼睛打起盹来。

看百晓通那副**拒人于千里之外**的样子，喵博士只好先回了博物馆。他一边垂着头走，一边念叨着："相当了解福尔摩斯的人？不是华生，那还能是谁呢？"喵博士走着走着，突然撞上了一堵柔软的"墙"，还被这堵"墙"弹开了。

"哎哟哟，哪里来的冒失鬼呀？哎哟哟，我的信呀！哎哟哟，我的眼镜呀！"一个胖乎乎的老爷爷在地上摸索着。原来呀，喵博士只顾着思考问题，没看路，撞到别人肚子上了，还把人家手里的东西

全撞翻啦！

喵博士连忙把地上的信件全都捡起来，又把眼镜递给对方："老爷爷，对不起！对不起！我错了。"

老爷爷接过眼镜，慢吞吞地戴上，又直直地盯着喵博士看了好一会儿，这才说道："哎哟哟，你这只小猫咪，干吗突然蹿出来，吓我一大跳，还把我的信件全弄乱了。"

"对不起！对不起！老爷爷，我叫喵博士，我来帮您整理吧！"喵博士自知理亏，忙不迭地道歉。

"好吧，你还算是一个能承担责任的好孩子。跟我过来！"老爷爷领着喵博士走进了一间办公室。

喵博士进门前抬头一看，只见办公室门上贴着几个大字……啊？这位老爷爷难道是……

抽象思维：
把事情变成最简单、
最本质的模样

百晓通故意捉弄喵博士，给了他一大一小两个酒壶，让他装出 400 毫升的酒来。可大酒壶是 500 毫升的，小酒壶是 300 毫升的，喵博士要怎么才能倒出 400 毫升呢？要是喵博士完不成这个任务，他追查神秘寄信人的线索，恐怕就要断了。

小提示

　　如果你把两个酒壶的 500 毫升和 300 毫升简化成数字 5 和 3，把倒酒这个动作想象成加减法，难题就会变得简单多啦！这就叫抽象思维哟，把事情变成最简单、最本质的模样。想一想，用 5 和 3 来加减，怎样才能凑出 4 呢？仔细观察数字之间的关系吧。

　　5+5-3-3，不就是 4 嘛！那我们只要盯着大酒壶，分两次给它加 5，再从中减掉两个 3，最后剩下的就是 4 啦。

答案：

先把 5 和 3 通过加减法，凑出 4 来，即 5+5-3-3=4。接下来，就按照这个加减法，来给大小酒壶倒酒啦。具体怎么倒呢？

第一步：先给大酒壶装满酒，这相当于大酒壶做了个"+5"的动作。之后将大酒壶里的酒灌到小酒壶里，正好把小酒壶装满。也就是说，从大酒壶里倒了 3 出来，相当于大酒壶做了一次"-3"。

第二步：大酒壶里还要再做一次"+5-3"，才能得出最后的 4。可是，大酒壶的酒还有剩余呢，怎么再"+5"呢？有办法！把小酒壶里的酒全部倒掉，再把大酒壶里剩下的酒倒进小酒壶里。

第三步：大酒壶空了，这时候再往大酒壶里装满酒，那么，大酒壶就第二次完成了"+5"。

第四步：再把大酒壶里的酒往小酒壶里倒。刚才大酒壶已经倒了一些酒到小酒壶里，现在继续倒，等到把小酒壶装满，这时候啊，大酒壶就完成了第二次"-3"。

这样一来，大酒壶完成了"+5-3+5-3"，最后，大酒壶加减完的结果就是 4，也就是说，大酒壶里还剩下 400 毫升的酒啦。

这个绝招你学会了吗？

7

哎哟哟馆长的难题

喵博士在回博物馆的路上，撞到了一位老爷爷，老爷爷的办公室门上写着几个大字——馆长办公室。

"啊！老爷爷，你难道是……难道是博物馆馆长？"

"哎哟哟，就是我，我就是馆长。"老爷爷回答说。

他这么爱说"哎哟哟"，那我就叫他"哎哟哟馆长"吧。喵博士心里这样想着，不禁笑出了声。

"笑什么呢？你叫喵博士对吧？快帮忙干活。把这些信整理好，一会儿就要寄出去了。"

"好吧！"喵博士连忙跳到座椅上，把信在桌面上摊开，足足有几十封，杂乱地堆在一起，要从何下手呢？

　　"看来我得给这些信分分类。"喵博士自言自语，
"先得找到这些信有什么共同特征，这样才好分。"

　　喵博士看着这些信封，有大有小，还五颜六色的，
问道："那个，哎哟哟馆……啊不，尊敬的馆长……"
喵博士差点叫错名——把别人的外号喊出来那可就
太不礼貌了，"为什么你的信封这么多种颜色啊？
大小还不一样，有什么原因吗？"馆长一边忙着整理

手里的文件，一边回答："啊，没什么原因。上次助手去买了几套不一样的纪念信封回来，所以信封的样子就有很多种啦。我们平时拿到哪个就用哪个！"

"哦，原来如此。"喵博士翻着面前的这堆信，喃喃自语，"有寄到伦敦的，也有寄到其他城市的，咦，还有寄到国外的。"

突然，他看到里面竟然有几封寄到中国的信，好奇地问："馆长，还有往中国寄的信呢，寄的是什么啊？""哦，都是些博物馆的门票。我们要举办纪念福尔摩斯的活动，想邀请一些嘉宾来。"

博物馆门票？喵博士心里一惊，难道馆长就是神秘的寄信人？他想到百晓通说的，"相当了解福尔摩斯的人"。馆长不就非常了解福尔摩斯吗？他脱口而出："馆长，你是不是也给我寄过门票？"

"你？喵博士？"哎哟哟馆长摘下眼镜，盯着喵博士想了很久，"我们是往中国寄过门票，有没

有喵博士呢？哎，人老了，记性不好，我真想不起来了。你先帮我干活，我一会儿帮你查查看！"

喵博士兴奋地扑到哎哟哟馆长怀里，激动地说："给我寄信的人肯定就是你！馆长，你真是太好了！谢谢你帮我实现愿望！我做梦都想来看福尔摩斯。"

馆长被喵博士的反应吓了一跳，低声说："我只是说帮你查一查，也没说就一定是我寄的啊。你现在先帮我把这些信整理好再说。"

"好嘞！马上就整理！"喵博士开心地干起活来。他面前的这一堆信都要寄出去，要怎么分类整理呢？要不，就按信封的大小来分，大的一堆，小的一堆？或者按颜色来分，一种颜色放一堆？

不过，这么分类好像没什么用啊。喵博士突然想到，既然馆长是要把信寄出去，是不是可以按收信人的地址去分类呢？比如寄到伦敦的归一类，寄到英国其他城市的归一类，寄到其他国家的归一类。

这样去寄信的时候，计算邮费就方便多啦！寄到伦敦市的最便宜，寄到国外的最贵。嗯，就这么分吧！

说做就做，没过多久，喵博士就分完了。他得意地向馆长展示自己的劳动成果："馆长你看，这是根据收信人的地址来分类的，寄往本市的一类，寄往英国其他城市的一类，寄往国外的一类，这样算邮费、贴邮票就方便啦！"馆长一看，乐呵呵地说："不错，喵博士。你懂得在分类之前，想好怎么分类才最有用。有些人分类啊，就是瞎分，分完以后，一点儿用都没有。"

喵博士见馆长夸自己，有点激动，又有点不好意思："馆长，我只是偶然想到的。你说得有道理，以后我要分类的时候，就得想想为什么要那么分，怎么分更有用。"馆长笑眯眯地看着他说："那你说说看，为什么上体育课的时候，有时会把男生和女生分开来上课？"喵博士**不假思索**地说："那还

不容易吗？男生和女生的体力不一样，所以按性别分类，就可以安排不一样的体育课内容啦。"

馆长笑着说："没错，你这么想就对了。"他好像突然想起了什么，又说，"你刚才说我们给你寄了博物馆门票，你自己收到了还不知道吗？我们会把邀请函和门票放在一起寄出去，收到的人肯定知道是博物馆寄的啊。""啊？"喵博士一听这话，心里凉了半截，"我、我只收到了博物馆的门票，没有什么邀请函啊。对了，还有一张机票。""机票？那就更不可能是我们博物馆寄的啦。那么多嘉宾，如果每位都寄机票，那也太贵了吧！"

喵博士顿时大失所望。不过他还不死心，追问道："馆长，那你帮我分析分析，如果不是你的话，还会有谁给我寄博物馆的门票呢？谁那么好心给了我这么大的惊喜，却不留下名字呢？"

馆长好像想起了什么，说："我想起来了，会不会是有些热心粉丝寄的？前几天我看到一位富翁粉丝来信说，他想为博物馆做点事，所以，他打算趁着最近的纪念活动，自己出钱邀请一些读者，来博物馆聚聚。"

接着，馆长从办公桌上的一个筐里又倒出了一堆信，对喵博士说："这些都是这个月收到的粉丝来信，你找找那封信，看看信上具体怎么说的。"喵博士一听又有新线索，情绪稍微高涨了一些。可他看到这么一大堆信，忍不住头疼起来："馆长，这么多信，你就不整理整理啊？这要找起信来，多费力气啊！"馆长回答道："我最近太忙了，收到信就丢到这个筐里了。不过啊，你说得没错，不整理，每次找信都要花很多工夫。要不，你一会儿找信的时候，顺便帮我把这些信都整理好吧。"

喵博士想快点找出馆长说的那位富翁粉丝，就迫不及待地看起这些信来。哇，喜欢福尔摩斯的人

还真多啊！有些就是专门来信说自己有多喜欢福尔摩斯，有些说要给博物馆捐款、捐东西，还有些给博物馆提了建议。

喵博士一边找那封信，一边想着，要怎么给这些信分类呢？按地址，还是按信封的大小或者颜色？很快，喵博士就想到了一个好办法。同学们，你们也来开动脑筋想想看吧！

就在喵博士忙着给信件分类时，他突然看到一封奇怪的信，信上只有几串数字。"馆长，你看这封信好奇怪，只有数字！"喵博士把这封信递给了馆长。馆长看了一眼，便立刻把它放进了抽屉，然后对喵博士说："啊，这个，这封信不重要，你不用管它了。"喵博士惊讶地看着馆长，发现馆长的表情看起来有点儿不自然。这封信是谁寄来的，信上的数字是什么意思呢？为什么馆长看到这封信，表情就变得不自然了呢？

馆长收到一大堆信,他请喵博士替他把这些信分类整理一下。这些信里,有些是专门来信说自己有多喜欢福尔摩斯,有些说要给博物馆捐款、捐东西,还有些给博物馆提了建议。信的寄件人以及信封的大小、颜色也各不相同。喵博士要怎么分类,才更有意义呢?

小提示

> 分类是指透过杂乱的表面,寻找出一些事物的共性。分类的目的是什么呢? 为了让事情变得更容易处理。馆长的这些信有很多种分类的方法,要找到最有意义的那种哟。

答案：

喵博士想起馆长说的,分类之前要想好哪种分类最有用。不如把这些信按照不同的内容来分类吧！粉丝纯粹表达仰慕之情的, 分一类；想为博物馆捐款、捐物和做好事的, 分一类；还有给博物馆提意见的,再分一类。这样以后找起信来就方便多啦！亲爱的同学们, 你们还有其他更好的分类方法吗?

8

地毯上的脚印

　　喵博士继续整理来信，想看看能不能找到馆长说的那位富翁粉丝的信。他一边找，一边回忆着最近遇到的各种事，越想越不对劲：应该不是什么富翁粉丝给我寄的门票吧？我这几天发现了那么多线索，寄信人的目的看起来并不只是单纯地让我来参加纪念活动。好像……他一直在考验我，又是让我去找珠宝店，又是让我给老板帮忙，还冒出来一个用假钞骗珠宝的骗子，这个骗子明明能逃跑却偏偏让警察带回来，还被我指认出来了。喵博士把这一切联系起来，好像有点儿明白了：这一切，难道是为了训练我当侦探？天哪！不会是福尔摩斯知道我的侦探梦，暗中考验我吧？

喵博士激动得心脏都快跳出来了。可他再一想，又马上推翻了刚才的想法：福尔摩斯怎么会特意寄机票和门票，让我从中国到伦敦来接受考验呢？他不会对我这么好吧！可除了福尔摩斯，还有谁会费这么大力气来考验我呢？喵博士还是想不明白。回想起上次见到福尔摩斯，已经过去好几天了，现在他好想再见到福尔摩斯啊。

喵博士忍不住问馆长："馆长，你在这儿工作了这么多年，你见过福尔摩斯吗？""有啊，天天都见。"馆长回答说。"真的吗？！"喵博士跳了起来，眼睛瞪得溜圆，嘴巴也张得老大。

"哎哟哟，你看，那不就是福尔摩斯吗？我还每天都能见到华生呢。"哎哟哟馆长一边说着，一边指了指门外。喵博士屏住呼吸，又紧张又兴奋，他慢慢地转过身去，定睛一看，原来是福尔摩斯和

华生的蜡像。喵博士的脸色瞬间"晴转多云"，他转过头，郁闷地看着哎哟哟馆长："馆长，我问的不是蜡像，是真人。"

看到喵博士上当，哎哟哟馆长笑得喘不过气来："哈哈哈哈，哈哈哈哈，哎哟哟，哎哟哟，我肚子都笑痛了。喵博士，你真是太好笑了。你看看现在是哪一年，早就不是福尔摩斯生活的那个年代了。你怎么这么傻呀？哎哟哟，哎哟哟，我肚子好痛。"

难道那天是我在做梦？可是，见面的场景又那么真实，我清清楚楚地记得每一处细节。到底怎么回事啊？喵博士越想越头疼，忍不住敲了敲自己的脑袋。

"喵博士，别在那儿异想天开了，赶紧做正事吧。"哎哟哟馆长催促道。

没多久，喵博士把信件都整理好了，但并没有看到那位富翁粉丝的来信。不过，反正他也没抱多大希望。

他走出馆长办公室，溜达到福尔摩斯的蜡像前，自言自语："唉，什么时候才能再见到福尔摩斯啊？"他在蜡像旁转了一会儿，突然看到福尔摩斯的衣服上沾了很多灰尘。"哎呀，我偶像的衣服怎么能这么脏！"他连忙使劲把衣服上的灰尘拍干净。忽然，楼下传来一阵脚步声。没一会儿，一个人走了上来。啊？这不是福尔摩斯吗？

喵博士揉了揉眼睛，想知道自己是不是眼花了。走上来的这个人瘦瘦高高的，长得和福尔摩斯的蜡像一模一样！喵博士冲了上去："福尔摩斯，真的是你吗？"来的这位先生扬起手和他打了个招呼："你好啊！好久不见，喵博士。"天哪，真的是福尔摩斯！喵博士原地蹦得老高，他转头朝馆长办公室大喊："馆长馆长，快出来，福尔摩斯真的出现了！"可是并没有回应。喵博士再一看，自己现在在二楼客厅，

可刚才明明在三楼的馆长办公室啊。这是怎么回事？
喵博士一时摸不着头脑。

　　只见福尔摩斯走到书架旁，从书架上取了一样
东西，说："我有点急事先出去一趟。"说完便咚
咚咚地下楼了。

　　喵博士喊道："福尔摩斯先生，你这就走了吗？"

他都还没机会跟福尔摩斯多说几句话呢。

喵博士失落地趴在地毯上发呆，不知不觉竟然睡着了。他隐约感到有人在他身边走来走去，也许，这是在做梦吧。

过了好一会儿，他醒来了。"喵——"他大大地伸了个懒腰。突然，他看到面前的地毯上有好几个**泥脚印**，像是不久前才踩上去的。这是福尔摩斯刚才留下的脚印吗？

咦，脚印里好像有些名堂。乍一看，这些脚印都一样，像是一个人留下的，但如果仔细看，就会发现根本不止一个人。

就在这时，楼梯口又传来了咚咚咚的脚步声。福尔摩斯再次出现在喵博士的面前。他一看喵博士正趴在地毯上和脚印较劲，立刻也凑到跟前去看："脚印？有人来过了！"

"福尔摩斯先生，我看出这里面有两个人的脚

印，一个是你的，另一个是别人的，对吧？"喵博士问道。可福尔摩斯却反问道："你确定是两个人的脚印吗？"

"什么？"喵博士愣了一下，"不是两个人吗？"

福尔摩斯接着说："你有没有注意到，这些脚印上带了一点红颜色的泥土？虽然不多，但足以推断出他们来这里的路径。这些小偷前几天就在这附近转悠，他们盯上我们了，我刚才就是去追踪他们的。"

"有小偷？"喵博士瞪圆了眼睛，更吃惊了，在福尔摩斯家里发生的这一连串的事让他十分不解。**神秘小偷**是怎么回事？福尔摩斯为什么突然出现，又突然消失？

分类集合:
排除干扰找不同

喵博士需要根据地毯上的神秘脚印,判断有几个人来过。你能帮帮他吗?

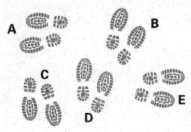

小提示

　　找不同的诀窍是:先看整体,如果整体相同,就再看细节。图上脚印的方向不同怎么办?全部统一到一个相同的方向就可以啦!比如都以 B 为参照对象,把其他鞋子都旋转到与 B 相同的方向进行对比,观察其中的差异,检查每个细节是否都一致。

答案:

　　C 和 D 与其他三对脚印不一样,C 和 D 彼此也不一样,不同点都在鞋跟中间处。当把 C 和 D 都旋转到与 B 相同的方向后,就会看到,C 的右边鞋印的鞋跟处和其他四只右脚的鞋跟是不一样的,D 的左边鞋印的鞋跟处和其他四只的左脚鞋跟处也是不一样的,你发现了吗?

9
格林老先生的委托

小偷居然闯入了福尔摩斯的家？这让喵博士大吃一惊，他紧张地问道："福尔摩斯先生，这是怎么回事呀？你抓住小偷了吗？"

福尔摩斯抿着嘴，一言不发。他离开客厅，径直走向自己的卧室。喵博士看到福尔摩斯打开了保险箱，但箱子里空空如也。福尔摩斯关好箱子，扣上锁，轻蔑地笑了笑："果然和我预料的一样，有人沉不住气了。"说着，他又回到客厅，坐在沙发上。喵博士心里的问号更多了，他急得一个劲地挠头，又不敢讲话。看到喵博士的这副模样，福尔摩斯脸上的表情终于变得温和起来："喵博士，你不是一直想当大侦探吗？现在案子来了。我今天还有时间，可以跟你讲讲这件事的来龙去脉。""真的吗？福尔摩斯先生，谢谢你！"喵博士惊喜地叫道，他兴奋地晃晃脑袋，蹦到了福尔摩斯身旁。

事情是这样的：一个月前，福尔摩斯接受了一位老先生的委托。这位老先生名叫格林，是伦敦城里非常有钱的人。格林老先生在年轻时曾受到一位恩人的救济，但后来却和恩人失去了联系。他手里仅有的寻人线索，是恩人留给他的一枚戒指和一封亲笔信。

格林老先生年纪大了，却没有继承人。万一自己哪天去世了，这些财富该交给谁呢？他想到了自己年轻时遇到的那位恩人。于是，格林老先生将戒指和信都托付给了福尔摩斯，想让他帮忙找到自己的恩人，并把这枚戒指还给恩人。老先生说，这枚戒指上有密码，凭着戒指上的密码，就能取出老先生存放在银行的所有财产。

　　格林老先生还向警察局提出申请，请他们协助福尔摩斯保护戒指和戒指未来的主人。警察局将这项任务交给了福尔摩斯的老相识——雷斯垂德警探。

　　糟糕的是，格林老先生的委托走漏了风声，有人盯上了福尔摩斯，想要偷走戒指。福尔摩斯注意到，最近家门口总是出现一些泥脚印，上面的泥土带着红色，福尔摩斯在附近的一片树林里见过这样特殊的红土。看来，这些人来之前一定是路过了附近的树林。今天早晨，福尔摩斯特意去了一趟树林察看情况。

　　回家的路上，福尔摩斯碰到了雷斯垂德警探，他是特意来找福尔摩斯取那封亲笔信的。福尔摩斯爽快地答应了："行啊，警探先生，你在楼下等我，我拿了东西马上下来。"

　　于是，福尔摩斯快步上了楼，走到书架旁，取出信件又匆匆离开了。这就是喵博士今天第一次看到福尔摩斯的场景啦。

那么福尔摩斯下楼以后，又发生了什么事呢？福尔摩斯接着对喵博士讲述刚才发生的事。他刚跑下楼，雷斯垂德就冲上来拉住他的胳膊，压低声音说道："福尔摩斯，你看，那个红头发的家伙一直鬼鬼祟祟地在附近溜达，我觉得他有问题。"

福尔摩斯顺着雷斯垂德的视线看过去，人群中果然有个贼眉鼠眼的人。那人和福尔摩斯一对视，立马涨红了脸，转身撒腿就跑。

"追！"福尔摩斯低吼一声，和雷斯垂德一块追了过去。

红头发逃跑时，身上掉下来个东西，福尔摩斯捡起来一看，是一张船票。福尔摩斯一边跑，一边说："警探先生，看来他是想去港口。"

"港口？"雷斯垂德激动地大喊起来，"啊！我知道有一条小路，我们可以抄近道！"

"不用，两条路是一样长的！"福尔摩斯还没

来得及阻拦，雷斯垂德已经拐去了另一条岔道。

　　福尔摩斯紧紧跟着红头发，终于追到了港口。眼看着红头发就要登船，福尔摩斯捡起身旁的石头，狠狠砸了过去，正好砸中了红头发的膝盖。红头发一个踉跄，摔了个狗啃泥。福尔摩斯扑上去，反剪住他的双手，雷斯垂德也刚好赶到。

　　"福……福尔摩斯，你跑得还挺快的，我抄近道都比你后到。"雷斯垂德累得上气不接下气。

　　福尔摩斯说："不是我跑得快，是咱俩选的路

一样长。"

雷斯垂德走上前，扣住红头发的手腕，凶狠地问道："喂！你是谁？跑什么跑？"

红头发哆哆嗦嗦地说："没……没事，我就是路过。我看到警察就害怕，所以就跑了。"

雷斯垂德气冲冲地问："害怕？你要是没做亏心事，有什么可害怕的？"

红头发还想狡辩，福尔摩斯不耐烦地说道："小伙子，别揣着明白装糊涂。"说着，他拿出刚才捡到的船票，"船票在这儿。坦白交代吧，你逃不了的。"

红头发吓得脸色煞白，**结结巴巴**地说："我、我什么都不知道。我就是个无家可归的小混混，整天在街上闲逛。刚才有人跟我说，只要我到你家附近转悠，把你引开，就给我 10 英镑。他还给了我一张船票。他说，事成之后，要是害怕被警察抓，可以坐船走。"

雷斯垂德不再搭理红头发，他仔细琢磨刚才听

到的话："把人引开？福尔摩斯，糟了！我们是不是中计了？"雷斯垂德气得差点跳起来。

福尔摩斯脸色铁青地说道："雷斯垂德，你先把这个小毛贼带回警察局，我回家去看看。"

这就是福尔摩斯刚才出去之后发生的故事。"喵博士，后面的事你已经知道了——我回到家，打开保险箱，里面的东西已经不翼而飞了。"福尔摩斯仰躺在沙发上，两眼盯着天花板。

"你是说，那个红头发小毛贼把你引开后，真正的幕后黑手溜了进来，偷走了戒指？"

福尔摩斯点点头。喵博士急得直跺脚："那怎么办啊！东西不见了！"

福尔摩斯突然哈哈大笑，说道："事实上，我早有准备，真正的戒指我早就藏起来了。保险箱里的那枚戒指，是我买的冒牌货。不过，喵博士，在我离开的这段时间里，有人溜进来偷走了戒指，你居然没有察觉。看来，你要当侦探，还差得远啊！"

"啊……福尔摩斯先生，我刚才不小心睡着了……我隐约觉得有人在我身边走来走去，还以为是做梦呢！我真是太大意了！"喵博士愧疚地垂下了头。

"不要紧，我们没有损失什么。只是你还需要更多的历练。"

喵博士突然想到了什么，激动地问道："对了，福尔摩斯先生，我还没问过你，为什么我们能见面呢？我们生活的年代相差了100多年呢！馆长说这根本不可能。难道我是在做梦吗？"

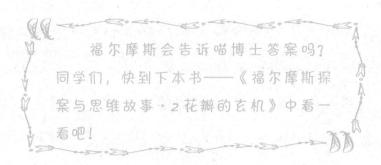

福尔摩斯会告诉喵博士答案吗？同学们，快到下本书——《福尔摩斯探案与思维故事·2花瓣的玄机》中看一看吧！

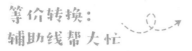

等价转换：
辅助线帮大忙

福尔摩斯和雷斯垂德从同一地点分别通过不同的路径赶往港口，他告诉雷斯垂德两条路径是一样长的，为什么呢？

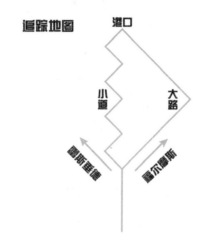

小提示

等价转换，是把不规则的问题转化为规则的问题，把不直观的转化为直观的。为了弄清这个问题，你可能需要辅助线帮忙，把左边缺口部分补齐，和右边大路对称。

答案：

加上辅助线，问题是不是就简单了？看一看文末的图，你会发现小道路径中的每一小段都可以对应到左侧外围的轮廓上，每一小段都恰巧等价于外围轮廓中的某一部分，这样把小道的每一

小段全部加起来，等价于左侧外围的总长度，其与右边大路的长度是相等的。这样，我们把曲折的小道转化为等长度的直角大路，问题就迎刃而解啦！

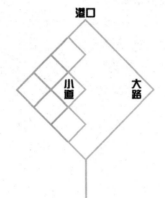